全国高等职业教育应用型人才培养规划教材

嵌入式 Linux 系统设计与开发

黎燕霞　主　编

刘光壮　刘奕宏　刘仲明　副主编

电子工业出版社
Publishing House of Electronics Industry
北京·BEIJING

内 容 简 介

作为一种 32 位高性能、低成本的嵌入式 RISC 微处理器，ARM 目前已经成为应用最广泛的嵌入式处理器。目前 Cortex-A 系列处理器已经占据了大部分中高端产品市场。

本书基于 Cortex-A8 的应用处理器"S5PV210"为核心，首先详细讲述了嵌入式 Linux 系统应用的基础，然后通过具体完整的实训项目对嵌入式 Linux 系统应用所需的基本技能进行覆盖。全书主要介绍的内容有嵌入式系统入门、嵌入式 Linux 开发环境构建、Linux 基础、裸机开发、嵌入式 Linux 的系统制作、字符型设备驱动程序设计、嵌入式数据库 SQLite 移植、嵌入式 Web 服务器 BOA 移植、基于 Qt 的嵌入式 GUI 程序设计。

本书的编写特色在于用具体完整的任务带动和引导读者完成整个嵌入式 Linux 相关应用领域的学习，并且每个任务都有非常详细的讲解，此外还提供了源代码。

本书内容实用、简单，语言浅显易懂，能有效培养读者的学习兴趣，提高实际动手能力。本书可作为高职院校电子信息工程、应用电子技术、计算机应用、电气自动化、机电一体化等专业学生的教材，也非常适合嵌入式系统入门的普通读者自学。

未经许可，不得以任何方式复制或抄袭本书之部分或全部内容。
版权所有，侵权必究。

图书在版编目（CIP）数据

嵌入式 Linux 系统设计与开发 / 黎燕霞主编．—北京：电子工业出版社，2016.2
全国高等职业教育应用型人才培养规划教材

ISBN 978-7-121-28204-1

Ⅰ．①嵌… Ⅱ．①黎… Ⅲ．①Linux 操作系统—程序设计—高等职业教育—教材 Ⅳ．①TP316.89

中国版本图书馆 CIP 数据核字（2016）第 035371 号

策划编辑：王昭松
责任编辑：郝黎明
印　　刷：北京虎彩文化传播有限公司
装　　订：北京虎彩文化传播有限公司
出版发行：电子工业出版社
　　　　　北京市海淀区万寿路 173 信箱　邮编　100036
开　　本：787×1 092　1/16　印张：15.25　字数：390.4 千字
版　　次：2016 年 2 月第 1 版
印　　次：2023 年 11 月第 9 次印刷
定　　价：46.00 元

凡所购买电子工业出版社图书有缺损问题，请向购买书店调换。若书店售缺，请与本社发行部联系，联系及邮购电话：（010）88254888。
质量投诉请发邮件至 zlts@phei.com.cn，盗版侵权举报请发邮件至 dbqq@phei.com.cn。
服务热线：（010）88258888。

前　　言

嵌入式技术是一种软硬件结合的技术，已经广泛应用于通信设备、家用电器、数据网络、工业控制、医疗卫生、航空航天等众多领域，有着巨大的市场潜力和无限的商机。嵌入式系统已经从 8 位 51 单片机发展到如今的 32 位嵌入式 RISC 微处理器，其软件设计的复杂性也成倍增长。目前 Cortex-A 系列处理器已经占据了嵌入式处理器大部分的中高端产品市场，尤其是在移动设备市场上，几乎占据了绝对垄断的地位。

随着嵌入式应用的迅猛发展，人们越来越关注嵌入式系统的相关技术和设计方法的研究。嵌入式系统已经成为高等院校电子信息、计算机及相关专业的一门重要课程，也是相关领域研究、应用和开发专业技术人员必须掌握的重要技术之一。当前，以嵌入式 Linux 系统应用相关的图书较多，但是有些难度较大，不太适合高职高专的学生及一般初学者。因此，读者需要一本实践性强、提供源代码、理论讲解简练清晰的实训类教材，并且需要有具体完整的实训项目来引导读者学习嵌入式 Linux 系统的应用。

本书试图从零开始讲述嵌入式系统的环境搭建、嵌入式 Linux 系统应用的基础，然后通过具体完整的实训项目对嵌入式 Linux 系统应用所需的基础技能进行覆盖。本书的编写特色在于用具体完整的任务带动和引导学生完成整个嵌入式 Linux 相关应用领域的学习，并且每个任务都有非常详细的讲解，此外还提供了源代码。本书不追求讲述所有的嵌入式 Linux 技术，但追求完整地讲解每个具体的任务，特别适合高职高专相关专业的学生及其他初学者使用。

在学习本书之前，读者需要具有数字电路、模拟电路、C 语言等基础知识。通过本书的学习，读者可以掌握嵌入式系统的环境搭建、基于 Cortex-A8 核心的 S5PV210 处理器的 GPIO 接口技术和常见的应用开发的方法，掌握嵌入式系统开源软件的移植。

本书是广东省高职院校类的示范性专业——电子信息工程技术专业核心课程的配套教材，具备丰富的教学资源存储在该专业的教学资源库中。同时，本教材也是高校"校企"联合培养人才项目的合作教材，得到广州杰赛科技股份有限公司、北京凌阳爱普科技有限公司、广州粤嵌通信科技股份有限公司的大力支持。

另外，嵌入式系统的学习和硬件的关系十分密切，本书尽量避免仅针对某一种硬件平台，阅读时请注重学习设计的方法。对于本书的程序，是具有普适性的，有一些涉及硬件电路的程序，需要读者根据自己所使用的实验开发系统的硬件配置，灵活改变其中的诸如函数调用、地址、I/O 接口等的定义和语句。

本书由黎燕霞主编并统稿。黎燕霞编写第 1、2、3、5 章，刘光壮博士编写了第 4、6 章，工业与信息化部电子第五研究生的刘奕宏高级工程师编写第 7、8 章，广州杰赛科技股份有限公司的刘仲明高级工程师编写第 9 章。同时，企业的这两位高级工程师对本书的编写还提出了大量中肯的建议，在此表示感谢。

由于编者水平有限，书中难免有不妥和错误之处，敬请专家和读者批评、指正。

编者

目 录

基础知识篇

第1章 嵌入式系统入门 1
1.1 嵌入式系统的概念 1
1.2 嵌入式系统的应用领域 2
1.3 嵌入式系统的发展 3
    1.3.1 嵌入式系统硬件平台的发展 4
    1.3.2 嵌入式系统软件平台的发展 6
1.4 典型的嵌入式系统组成 6
1.5 ARM 处理器 7
    1.5.1 ARM 处理器介绍 7
    1.5.2 ARM 处理器的应用领域 8
    1.5.3 ARM 处理器的特点 8
    1.5.4 ARM 的功能选型 8
1.6 嵌入式 Linux 11
    1.6.1 常见的嵌入式操作系统 11
    1.6.2 嵌入式 Linux 操作系统 13
本章小结 15

第2章 嵌入式 Linux 开发环境构建 16
2.1 虚拟机及 Linux 安装 16
    2.1.1 虚拟机 VMware Workstation 软件介绍 16
    2.1.2 安装 Linux 操作系统 Ubuntu12.04 16
    2.1.3 设置 Ubuntu 的 root 账号 24
    2.1.4 修改 Ubuntu 的默认图形界面 25
    2.1.5 修改 Linux 系统中的计算机名称 26
2.2 安装 VMware Tools 26
2.3 虚拟机与主机共享文件 28

2.4 安装配置 minicom ……………………………………………………………………… 29
2.5 配置超级终端 …………………………………………………………………………… 32
2.6 NFS 挂载 ………………………………………………………………………………… 34
2.7 交叉编译器的安装 ……………………………………………………………………… 35
　　2.7.1 交叉编译器的定义 ………………………………………………………………… 35
　　2.7.2 交叉编译环境搭建 ………………………………………………………………… 35
本章小结 ………………………………………………………………………………………… 36

第 3 章 Linux 基础 …………………………………………………………………………… 37

3.1 Linux 基础知识 ………………………………………………………………………… 37
　　3.1.1 Linux 文件 ………………………………………………………………………… 37
　　3.1.2 Linux 文件系统 …………………………………………………………………… 38
　　3.1.3 Linux 目录 ………………………………………………………………………… 39
3.2 Linux 常用命令 ………………………………………………………………………… 40
　　3.2.1 文件相关命令 ……………………………………………………………………… 40
　　3.2.2 系统相关命令 ……………………………………………………………………… 45
　　3.2.3 网络相关命令 ……………………………………………………………………… 47
　　3.2.4 压缩打包相关命令 ………………………………………………………………… 48
　　3.2.5 其他命令 …………………………………………………………………………… 49
3.3 vi 编辑器的使用 ………………………………………………………………………… 50
　　3.3.1 vi 编辑器的模式 …………………………………………………………………… 50
　　3.3.2 vi 编辑器使用的基本流程 ………………………………………………………… 51
　　3.3.3 vi 各模式的功能键 ………………………………………………………………… 52
3.4 gcc 编译器的使用 ……………………………………………………………………… 53
　　3.4.1 gcc 编译流程 ……………………………………………………………………… 53
　　3.4.2 gcc 编译选项 ……………………………………………………………………… 54
3.5 gdb 调试器的使用 ……………………………………………………………………… 56
　　3.5.1 gdb 使用流程 ……………………………………………………………………… 56
　　3.5.2 gdb 基本命令 ……………………………………………………………………… 59
3.6 arm-linux-gcc 交叉编译器的使用 ……………………………………………………… 63
3.7 make 工程管理器与 makefile 文件 …………………………………………………… 63
　　3.7.1 了解 makefile 文档 ………………………………………………………………… 64
　　3.7.2 编写 makefile ……………………………………………………………………… 64
　　3.7.3 makefile 的五部分 ………………………………………………………………… 68
　　3.7.4 make 管理器的使用 ……………………………………………………………… 71
本章小结 ………………………………………………………………………………………… 72

项目操作篇

第 4 章 裸机开发 ··· 73
- 4.1 概述 ··· 73
- 4.2 建立 Linux 开发环境 ··· 73
- 4.3 S5PV210 介绍 ··· 75
  - 4.3.1 S5PV210 简介 ··· 75
  - 4.3.2 S5PV210 内存空间 ·· 76
  - 4.3.3 S5PV210 特殊功能寄存器 ······························ 77
- 4.4 ARM 常用指令集 ·· 79
  - 4.4.1 ARM 寻址方式 ·· 79
  - 4.4.2 ARM 指令集 ·· 80
- 4.5 裸机程序编程步骤 ·· 88
- 4.6 编程实现点亮 LED ·· 89
- 4.7 调用 C 函数 ··· 93
- 4.8 编程实现按键查询点亮 LED ··································· 95
- 4.9 串口通信 ··· 99
- 本章小结 ··· 107

第 5 章 嵌入式 Linux 的系统制作 ·· 108
- 5.1 编译 Bootloader ·· 108
  - 5.1.1 U-Boot 简介 ·· 109
  - 5.1.2 编译 U-Boot ·· 110
- 5.2 编译 Linux 内核 ··· 110
  - 5.2.1 Linux 内核简介 ·· 110
  - 5.2.2 内核编译 ·· 110
- 5.3 制作嵌入式 Linux 根文件系统 ································ 112
  - 5.3.1 根文件系统类型 ··· 112
  - 5.3.2 制作简单 yaffs 根文件系统 ··························· 113
- 5.4 使用 Fastboot 烧写 Linux 系统镜像 ······················· 118
- 本章小结 ··· 121

第 6 章 字符型设备驱动程序设计 ·· 122
- 6.1 设备驱动介绍 ··· 122

6.2 Linux 内核模块 ··· 123
    6.2.1 内核模块的特点 ·· 123
    6.2.2 模块与内核的接口函数 ·· 123
    6.2.3 操作模块相关的命令 ··· 123
6.3 Linux 设备驱动 ··· 124
6.4 硬件接口、驱动程序、设备文件、应用程序的关系 ························ 125
6.5 简单的字符设备驱动开发 ··· 126
6.6 驱动程序中编写 ioctl 函数供应用程序调用 ································· 129
6.7 驱动程序与应用程序之间的数据交换 ······································· 134
6.8 GPIO 接口控制 LED 灯 ·· 138
6.9 GPIO 接口控制按键 ·· 143
本章小结 ·· 151

第 7 章 嵌入式数据库 SQLite 移植 ··· 152

7.1 SQLite 支持的 SQL 语言 ·· 152
    7.1.1 数据定义语句 ··· 152
    7.1.2 数据操作语句 ··· 153
7.2 SQLite 数据库编译、安装和使用 ·· 153
    7.2.1 安装 SQLite ·· 154
    7.2.2 利用 SQL 语句操作 SQLite 数据库 ···························· 154
    7.2.3 利用 C 接口访问 SQLite 数据库 ································ 155
7.3 移植 SQLite ··· 157
    7.3.1 交叉编译 SQLite ·· 158
    7.3.2 测试已移植的 SQLite3 ·· 158
    7.3.3 交叉编译应用程序 ·· 160
本章小结 ·· 160

第 8 章 嵌入式 Web 服务器 BOA 移植 ··· 161

8.1 BOA 概述 ·· 161
    8.1.1 BOA 的功能 ·· 161
    8.1.2 BOA 的流程分析 ·· 162
    8.1.3 BOA 的配置信息 ·· 167
8.2 BOA 的编译和移植 ··· 168
    8.2.1 交叉编译 BOA ··· 168
    8.2.2 设置 BOA 配置信息 ·· 170
    8.2.3 BOA 移植 ··· 171

8.3　HTML 页面测试 171
8.4　CGI 脚本测试 172
8.5　HTML 和 CGI 传参测试 173
8.6　网页控制 LED 178
8.7　BOA 与 SQLite 结合 181
　　8.7.1　通过 CGI 程序访问 SQLite 181
　　8.7.2　编译和测试 183
本章小结 184

第 9 章　基于 Qt 的嵌入式 GUI 程序设计 185

9.1　嵌入式 GUI 简介 185
　　9.1.1　嵌入式 GUI 的特点 185
　　9.1.2　常用的嵌入式 GUI 图形系统 185
　　9.1.3　Qt/E 概述 187
9.2　Qt/E 开发环境的搭建 187
　　9.2.1　移植 JPEG 库 187
　　9.2.2　移植 tslib 188
　　9.2.3　交叉编译 qt-embedded 库 189
　　9.2.4　修改 profile 文件添加环境变量 190
9.3　创建简单的 Qt 工程 HelloWorld 190
　　9.3.1　使用 Qt Creator 创建 HelloWorld 程序 190
　　9.3.2　编译 HelloWorld 工程 194
9.4　用纯源码编写 Qt 工程 202
　　9.4.1　C++基础 202
　　9.4.2　变量、数据类型 203
　　9.4.3　C++的类、继承、构造函数、析构函数 206
　　9.4.4　用纯源码编写 Qt 工程 211
9.5　登录界面程序设计 215
　　9.5.1　信号与槽概述 215
　　9.5.2　建立信号与槽的关联 218
　　9.5.3　登录界面程序设计 219
9.6　LED 图形界面控制程序设计 224
本章小结 231

参考文献 232

基础知识篇

第1章

嵌入式系统入门

本书是使用基于 ARM CortexTM-A8 内核的处理器 S5PV210 的目标机作为开发平台,在讲述了嵌入式 Linux 系统开发环境的构建、Linux 的基础知识、裸机开发、驱动开发后,以完整的项目形式讲述了嵌入式 Linux 系统的具体应用,为读者今后从事相关技术应用打下良好的基础。

本章将从应用角度出发,介绍嵌入式系统的概念,带领读者进入嵌入式系统开发的领域,主要内容包括以下几个方面。
- □ 嵌入式系统的定义
- □ 嵌入式系统的应用领域
- □ 嵌入式系统的发展
- □ 嵌入式系统的组成
- □ ARM 处理器
- □ 嵌入式 Linux 操作系统

1.1 嵌入式系统的概念

目前,嵌入式系统(Embedded System)和普通人的生活联系非常紧密,如日常生活中使用的手机、照相机、微波炉、电视机机顶盒等,都属于嵌入式系统。与通常使用的 PC 相比,嵌入式系统的形式多样、体积小,可以灵活地适应各种设备的需要。因此,可以把嵌入式系统理解为"一种为特定设备服务的软件硬件可裁剪的计算机系统"。

目前被普遍接受的对嵌入式计算机系统的定义是:以应用为中心、以计算机技术为基础、软件硬件可裁剪、功能、可靠性、成本、体积、功耗等严格要求的专用计算机系统。通常嵌入式计算机系统简称嵌入式系统。

从广义上讲，凡是带有微处理器的专用软硬件系统都可称为嵌入式系统，如各类单片机和 DSP 系统。这些系统在完成较为单一的专业功能时具有简洁高效的特点。但由于它们没有操作系统，管理系统硬件和软件的能力有限，在实现复杂多任务功能时，往往困难重重，甚至无法实现。

从狭义上讲，我们更加强调那些使用嵌入式微处理器构成独立系统，具有自己的操作系统，具有特定功能，用于特定场合的嵌入式系统。这里所谓的嵌入式系统，是指狭义上的嵌入式系统。

简单地说，嵌入式系统就是嵌入到对象体系中的专用计算机系统。"嵌入性"、"专用性"与"计算机系统"是嵌入式系统的 3 个基本要素。

（1）嵌入性相关特点。专指计算机嵌入到对象体系中，实现对象体系的智能控制。当嵌入式系统变成一个独立应用产品时，可将嵌入性理解为内部嵌有微处理器或计算机。由于是嵌入到对象系统中，必须满足对象系统的环境要求，如物理环境（小型）、电气环境（可靠）、成本（价廉）等要求。

（2）专用性相关特点。软、硬件的可裁剪性；满足对象要求的最小软、硬件配置等。

（3）计算机系统相关特点。嵌入式系统必须是能满足对象系统控制要求的计算机系统。与上两个特点相呼应，这样的计算机必须配置有与对象系统相适应的接口电路。

1.2 嵌入式系统的应用领域

从嵌入式系统的特点可以看出，嵌入式系统技术具有非常广阔的应用前景，其应用领域可以包括以下几个方面。

1. 工业控制

基于嵌入式芯片的工业自动化设备将获得长足的发展，目前已经有大量的 8 位、16 位、32 位嵌入式微控制器在应用中，网络化是提高生产效率和产品质量、减少人力资源主要途径，如工业过程控制、数字机床、电力系统、电网安全、电网设备监测、石油化工系统。就传统的工业控制产品而言，低端型采用的往往是 8 位单片机。但是随着技术的发展，32 位、64 位的处理器逐渐成为工业控制设备的核心，在未来几年内必将获得长足的发展。

2. 交通管理

在车辆导航、流量控制、信息监测与汽车服务方面，嵌入式系统技术已经获得了广泛的应用，内嵌 GPS 模块、GSM 模块的移动定位终端已经在各种运输行业获得了成功的使用。目前 GPS 设备已经从尖端产品进入了普通百姓的家庭。

3. 信息家电

这将成为嵌入式系统最大的应用领域，冰箱、空调等的网络化、智能化将引领人们的生活步入一个崭新的空间。即使用户不在家里，也可以通过电话线、网络进行远程控制。在这些设备中，嵌入式系统将大有用武之地。

4. 家庭智能管理系统

水、电、煤气表的远程自动抄表，安全防火、防盗系统，其中嵌有的专用控制芯片将代替传统的人工检查，并实现更高、更准确和更安全的性能。目前在服务领域，如远程点菜器等已经体现了嵌入式系统的优势。

5．POS 网络及电子商务

公共交通无接触智能卡（Contactless Smart Card，CSC）发行系统、公共电话卡发行系统、自动售货机、各种智能 ATM 终端将全面走入人们的生活，到时手持一卡就可以行遍天下。

6．环境工程与自然

应用在水文资料实时监测，防洪体系及水土质量监测、堤坝安全、地震监测网，实时气象信息网，水源和空气污染监测。在很多环境恶劣、地况复杂的地区，嵌入式系统将实现无人监测。

7．机器人

嵌入式芯片的发展将使机器人在微型化、高智能方面优势更加明显，同时会大幅度降低机器人的价格，使其在工业领域和服务领域获得更广泛的应用。

这些应用中，可以着重于在控制方面的应用。就远程家电控制而言，除了开发出支持 TCP/IP 的嵌入式系统之外，家电产品控制协议也需要制定和统一，这需要家电生产厂家来做。同样的道理，所有基于网络的远程控制器件都需要与嵌入式系统之间实现接口，然后再由嵌入式系统通过网络实现控制。所以，开发和探讨嵌入式系统有着十分重要的意义。

1.3　嵌入式系统的发展

嵌入式系统的出现至今已经有 30 多年的历史了，嵌入式技术也历经了几个发展阶段。进入 20 世纪 90 年代后，以计算机和软件为核心的数字化技术取得了迅猛发展，不仅广泛渗透到社会经济、军事、交通、通信等相关行业，而且深入到家电、娱乐、艺术、社会文化等各个领域，掀起了一场数字化技术革命。多媒体技术与 Internet 的应用迅速普及，消费电子、计算机和通信一体化趋势日趋明显，嵌入式技术再度成为一个研究热点。嵌入式技术的发展大致经历了以下 4 个阶段。

第一阶段是以单芯片为核心的可编程控制器形式的系统具有与监测、伺服、指示设备相配合的功能。这类系统大部分应用于一些专业性强的工业控制系统中，一般没有操作系统的支持，通过汇编语言编程对系统进行直接控制。这一阶段系统的主要特点是：系统结构和功能相对单一，处理效率较低，存储容量较小，几乎没有用户接口。由于这种嵌入式系统简单、价格低的特点，以前在国内工业领域应用较为普遍，但是已经远不能适应高效的、需要大容量存储的现代工业控制和新兴信息家电等领域的需求。

第二阶段是以嵌入式微处理器为基础、以简单操作系统为核心的嵌入式系统。主要特点是：微处理器种类繁多，通用性比较弱；系统开销小，效率高；操作系统达到一定的兼容性和扩展性；应用软件较专业化，用户界面不够友好。

第三阶段是以嵌入式操作系统为标志的嵌入式系统。主要特点是：嵌入式操作系统能运行于各种不同类型的微处理器上，兼容性好；操作系统内核小、效率高，并且具有高度的模块化和扩展性；具备文件和目录管理、多任务、网络支持、图形窗口以及用户界面等功能；具有大量的应用程序接口 API，开发应用程序较简单；嵌入式应用软件丰富。

第四阶段是以 Internet 为标志的嵌入式系统。

这是一个正在迅速发展的阶段。目前大多数嵌入式系统还孤立于 Internet 之外,但随着 Internet 的发展以及 Internet 技术与信息家电、工业控制技术的结合日益密切,嵌入式设备与 Internet 的结合将代表嵌入式系统的未来。

综上所述,嵌入式系统技术日益完善,32 位微处理器在该系统中占主导地位,嵌入式操作系统已经从简单走向成熟,它与网络 Internet 结合日益密切,因而嵌入式系统应用将日益广泛。

1.3.1 嵌入式系统硬件平台的发展

嵌入式系统的硬件是以各种类型的嵌入式处理器为核心部件的。在嵌入式系统的早期,所有基本硬件构件相对较小,也较简单,如 8 位的 CPU、74 系列的芯片及晶体管等,其软件子系统采用一体化的监控程序,不存在操作系统平台。如今组成嵌入式系统的基本硬件构件则已较复杂,如 16 位、32 位 CPU 或特殊功能的微处理器、特定功能的集成芯片、FPGA 或 CPLD 等,其软件设计的复杂性成倍增长。不同等级的处理器的不同应用如表 1.1 所示。

表 1.1 不同等级的处理器应用

嵌入式处理器	应用产品
4 位	遥控器、相机、防盗器、玩具、简易计量表等
8 位	电视游戏机、空调、传真机、电话录音
16 位	手机、摄像机、录像机、各种多媒体应用
32 位	Modem、掌上电脑、路由器、数码相机、GPRS、网络家庭
64 位	高级工作站、新型电脑游戏机、各种多媒体应用

据不完全统计,目前全世界嵌入式处理器的品种总量已经超过 1000 种,流行体系结构有 30 多个系列。嵌入式处理器的寻址空间一般从 64KB 到几十亿字节,处理速度为 0.1~2000MIPS (Million Instruction Per Second,百万条指令每秒)。根据不同的应用状况,嵌入式处理器可以分为下面几类。

1. 嵌入式微控制器

嵌入式微控制器(Embedded Microcontroller Unit,EMCU)的典型代表是单片机,单片机从诞生之日起,就称为嵌入式微控制器。它体积小,结构紧凑,作为一个部件埋藏于所控制的装置中,主要完成信号控制的功能,将整个计算机系统集成到一块芯片中。单片机芯片内部集成 ROM/EPROM、RAM、总线、总线逻辑、定时器/计数器、看门狗、I/O、串行口、脉宽调制输出、A/D、D/A、Flash RAM、EEPROM 等各种必要功能和外设。和嵌入式微处理器相比,微控制器的最大特点是单片化,体积大大减小,从而使功耗和成本下降、可靠性提高。

微控制器是目前嵌入式系统工业的主流。由于微控制器的片上外设资源一般比较丰富,适合于控制,因此称为微控制器。为了适应不同的应用需求,一般一个系列的单片机具有多种衍生产品,每种衍生产品的处理器内核都是一样的名字,不同的是存储器和外设的配置及封装。这样可以最大限度地与应用需求相匹配,从而减小功耗和成本。由于 MCU 低廉的价格,优良的功能,因此拥有的品种和数量最多。比较有代表性的包括 8051、MCS-251、MCS-96/196/296、P51XA、C166/167、68K 系列,以及 MCU 8XC930/931、C540、C541,并且支持 12C、CAN-Bus、

LCD 及众多专用 MCU 和兼容系列。目前 MCU 占嵌入式系统约 70%的市场份额。

2. 嵌入式微处理器

嵌入式微处理器是由通用计算机中的 CPU 演变而来的。它的特征是具有 32 位以上的处理器，具有较高的性能，当然其价格也相应较高。但与计算机处理器不同的是，在实际嵌入式应用中，嵌入式微处理器只保留和嵌入式应用紧密相关的功能硬件，去除其他的冗余功能部分，这样就以最低的功耗和资源实现嵌入式应用的特殊要求。和工业控制计算机相比，嵌入式微处理器具有体积小、质量轻、成本低、可靠性高的优点。

当前 32 位嵌入式微处理器主要有：ARM（Advanced RISC Machines），只设计内核的英国公司；MIPS（Microprocessor without Interlocked Piped Stages），只设计内核的美国公司；Power PC，IBM 和 Motorola 共有；X86，Intel；68K/ColdFire，Motorola 独有；龙芯一号。

3. 嵌入式 DSP 处理器

DSP 处理器是专门用于信号处理方面的处理器，其在系统结构和指令算法方面进行了特殊设计，使其适合于执行 DSP 算法，编译效率较高，指令执行速度也较快，在数字滤波、FFT、谱分析等各种仪器上 DSP 获得了大规模的应用。DSP 的理论算法在 20 世纪 70 年代就已经出现，但是由于专门的 DSP 处理器还未出现，因此这种理论算法只能通过 MPU 等由分立元件实现。1982 年世界上诞生了首枚 DSP 芯片。在语音合成和编码解码器中得到了广泛应用。DSP 的运算速度进一步提高，应用领域也从上述范围扩大到了通信和计算机方面。

嵌入式 DSP 处理器（Embedded Digital Signal Processor，EDSP）有两个发展来源：一是 DSP 处理器经过单片化、EMC（Energy Management Contract，合同能源管理）改造、增加片上外设，成为嵌入式 DSP 处理器，TI（得州仪器）的 TMS320C2000/C5000 等属于此范畴；二是在通用单片机或 SoC（System on Chip）中增加 DSP 协处理器，如 Intel 的 MCS-296 和 Siemens 的 TriCore。

推动嵌入式 DSP 处理器发展的另一个因素是嵌入式系统的智能化，如各种带有智能逻辑的消费类产品，生物信息识别终端，带有加解密算法的键盘，ADSL 接入、实时语音解压系统，虚拟现实显示等，而这些正是 DSP 处理器的长处所在。

4. 嵌入式片上系统

集成电路的发展已有 40 年的历史，它一直遵循摩尔所指示的规律推进，现已进入深亚微米阶段。由于信息市场的需求和微电子自身的发展，引发了以微细加工（集成电路特征尺寸不断缩小）为主要特征的多种工艺集成技术和面向应用的系统级芯片的发展。随着半导体产业进入超深亚微米乃至纳米加工时代，在单一集成电路芯片上就可以实现一个复杂的电子系统，诸如手机芯片、数字电视芯片、DVD 芯片等。在未来几年内，上亿个晶体管、几千万个逻辑门都可望在单一芯片上实现。SoC（System on Chip）设计技术始于 20 世纪 90 年代中期，随着半导体工艺技术的发展，IC 设计者能够将越来越复杂的功能集成到单硅片上，SoC 正是在集成电路（IC）向集成系统（IS）转变的大方向下产生的。

一般来说，SoC 称为系统级芯片，也称为片上系统，意指它是一个产品，是一个有专用目标的集成电路，其中包含完整系统并有嵌入软件的全部内容。同时它又是一种技术，用以实现从确定系统功能开始，到软/硬件划分，并完成设计的整个过程。从狭义角度讲，它是信息系统核心的芯片集成，是将系统关键部件集成在一块芯片上；从广义角度讲，SoC 是一个微小型系统，如果说中央处理器（CPU）是大脑，那么 SoC 就是包括大脑、心脏、眼睛和手的系统。国内外学术界一般倾向将 SoC 定义为"将微处理器、模拟 IP 核、数字 IP 核和存储器（或片外存储控制接口）集成在单一芯片上，它通常是客户定制的，或是面向特定用途的标准产品"。

1.3.2 嵌入式系统软件平台的发展

嵌入式操作系统是嵌入式系统极为重要的组成部分，通常包括与硬件相关的底层驱动软件、系统内核、设备驱动接口、通信协议、图形界面、标准化浏览器等。嵌入式操作系统具有通用操作系统的基本特点，如能够有效管理越来越复杂的系统资源；能够把硬件虚拟化，使得开发人员从繁忙的驱动程序移植和维护中解脱出来；能够提供库函数、驱动程序、工具集以及应用程序。与通用操作系统相比较，嵌入式操作系统在系统实时高效性、硬件的相关依赖性、软件固态化以及应用的专用性等方面具有较为突出的特点。嵌入式操作系统伴随着嵌入式系统的发展经历了 3 个比较明显的阶段。

第一阶段：无操作系统的嵌入算法阶段，通过汇编语言编程对系统进行直接控制，运行结束后清除内存。系统结构和功能都相对单一，处理效率较低，存储容量较小，几乎没有用户接口，比较适合于各类专用领域中。

第二阶段：以嵌入式 CPU 为基础、简单操作系统为核心的嵌入式系统。CPU 种类繁多，通用性比较差；系统开销小，效率高；一般配备系统仿真器，操作系统具有一定的兼容性和扩展性；应用软件较专业，用户界面不够友好；系统主要用来控制系统负载以及监控应用程序运行。

第三阶段：通用的嵌入式实时操作系统阶段，以嵌入式操作系统为核心的嵌入式系统。能运行于各种类型的微处理器上，兼容性好；内核精小、效率高，具有高度的模块化和扩展性；具备文件和目录管理、设备支持、多任务、网络支持、图形窗口以及用户界面等功能；具有大量的应用程序接口 API；嵌入式应用软件丰富。

1.4 典型的嵌入式系统组成

嵌入式系统与传统的 PC 一样，也是一种计算机系统，是由硬件和软件组成的。硬件包括嵌入式微控制器和微处理器，以及一些外围元器件和外部设备；软件包括嵌入式操作系统和应用软件。

与传统计算机不同的是，嵌入式系统种类繁多。许多的芯片厂商、软件厂商加入其中，导致有多种硬件和软件，甚至解决方案。一般来说，不同的嵌入式系统的软件、硬件是很难兼容的，软件必须修改，而硬件必须重新设计才能使用。虽然软件、硬件种类繁多，但是不同的嵌入式系统还是有很多相同之处。如图 1.1 所示是一个典型的嵌入式系统组成示意图。

图 1.1 展示出一个典型的嵌入式系统是由软件和硬件组成的整体。硬件部分可以分成嵌入式处理器和外部设备，处理器是整个系统的核心，负责处理所有的软件程序以及外部设备的信号。外部设备在不同的系统中有不同的选择。例如，在汽车上，外部设备主要是传感器，用于采集数据；而在一部手机上，外部设备可以是键盘、液晶屏幕等。

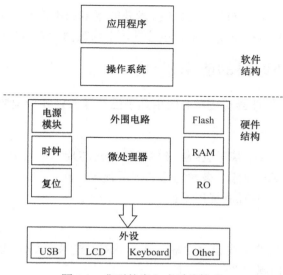

图 1.1　典型的嵌入式系统构成

软件部分可以分成两层，最靠近硬件的是嵌入式操作系统。操作系统是软硬件的接口，负责管理系统的所有软件和硬件资源。操作系统还可以通过驱动程序与外部设备打交道。最上层的是应用软件，应用软件利用操作系统提供的功能开发出针对某个需求的程序，供用户使用。用户最终是和应用软件打交道，如在手机上编写一条短信，用户看到的是短信编写软件的界面，而看不到里面的操作系统以及嵌入式处理器等硬件。

1.5 ARM 处理器

目前有数十家公司使用 ARM 体系结构开发自己的芯片，支持的外部设备和功能丰富多样。ARM 体系相对其他的体系具有结构简单、使用入门快等特点。使用 ARM 核心的处理器虽然众多，但是核心都是相同的。因此，掌握了 ARM 的体系结构，在用不同的处理器时，只要是基于 ARM 核心都能很快入手。

1.5.1 ARM 处理器介绍

ARM（Advanced RISC Machines）既可以认为是一家公司的名字，也可以认为是对一类嵌入式处理器的统称，还可以认为是一种技术的名字。

1991 年 ARM 公司成立于英国剑桥，主要出售芯片设计技术的授权。目前，采用 ARM 技术知识产权（IP）的处理器，即通常所说的 ARM 处理器，已普及到工业控制、消费类电子产品、通信系统、网络系统和无限系统等各类产品市场，基于 ARM 技术的处理器应用约占据 32 位 RISC 处理器 75%以上的市场份额，ARM 技术正在逐步渗入到人们生活的各个方面。

ARM 公司是专门从事基于 RISC 技术芯片设计开发的公司，作为知识产权供应商，它本身不直接从事芯片生产，靠转让设计许可权，由合作公司生产各具特色的芯片，世界各大半导体生产商从 ARM 公司购买其设计的 ARM 处理器核，然后根据各自不同的应用领域，加入适当的外围电路，从而形成自己的 ARM 处理器芯片进入市场。目前，全世界大的半导体公司都使用 ARM 公司的授权，这不仅使得 ARM 技术获得更多的第三方工具、制造、软件的支持，还可使整个系统成本降低，从而使产品更容易进入市场被消费者所接受，进而更具有竞争力。

1.5.2　ARM 处理器的应用领域

到目前为止，ARM 处理器及技术的应用几乎已经深入到各个领域。

1. 工业控制领域

作为 32 位的 RISC 架构，基于 ARM 核的微控制器芯片不但占据了高端微控制器市场的大部分市场份额，同时也逐渐向低端微控制器的应用领域扩展。ARM 微控制器的低功耗、高性价比，向传统的 8 位/16 位微控制提出了挑战。

2. 无线通信领域

目前已经有超过 85%的无线通信设备采用了 ARM 技术，ARM 以及高性能和低成本的优势，日益巩固了其在该领域的地位。

3. 网络应用

随着宽带技术的推广，采用 ARM 技术的 ADSL 芯片正逐步获得竞争优势。此外，ARM 在语音及视频处理上进行了优化，并获得广泛支持，同时也对 DSP 的应用领域提出了挑战。

4. 消费类电子产品

ARM 技术在目前流行的数字音频播放器、数字机顶盒和游戏机中得到了广泛采用。

5. 成像和安全产品

现在流行的数码相机和打印机中的绝大部分采用了 ARM 技术，手机中的 32 位 SIM 智能卡也采用了 ARM 技术。

1.5.3　ARM 处理器的特点

采用 RISC 架构的 ARM 处理器一般具有如下特点。
（1）体积小、功耗低、低成本、高性能。
（2）支持 Thumb（16 位）/ARM（32 位）双指令集，能很好地兼容 8 位/16 位器件。
（3）大量使用寄存器，指令执行速度更快。
（4）采用多级流水线结构处理速度快。
（5）大多数数据操作都在寄存器中完成。
（6）寻址方式灵活简单，执行效率高。
（7）指令长度固定。

1.5.4　ARM 的功能选型

ARM 公司自 1990 年正式成立以来，在 32 位 RISC（Reduced Instruction Set Computer）CPU 开发领域不断取得突破，其结构已经从 V3 发展到 V6。由于 ARM 公司自成立以来，一直以 IP（Intelligence Property）提供者的身份向各大半导体制造商出售知识产权，而自己从不介入芯片的生产销售，加上其设计的核心具有功耗低、成本低等显著优点，因此获得众多的半导体厂家和整机厂商的大力支持，在 32 位嵌入式应用领域获得了巨大的成功，目前已经占有 75%以上 32 位 RISC 嵌入式产品市场。在低功耗、低成本的嵌入式应用领域确立了市场领导地位。现在设计、生产 ARM 芯片的国际大公司已经超过 50 多家，我国中兴通讯和华为通讯等公司已经购买 ARM 公司的芯核用于通信专用芯片的设计。

随着国内嵌入式应用领域的发展，ARM 芯片必然会获得广泛的重视和应用。但是，由于 ARM 芯片有多达十几种的核心结构，70 多个芯片生产厂家，以及千变万化的内部功能配置组合，给开发人员在选择方案时带来一定的困难。所以，对 ARM 芯片做一对比研究是十分必要的。

下面从应用的角度，对选择 ARM 芯片时所应考虑的主要因素进行详细的说明。

1．ARM 核心

不同的 ARM 核心性能差别很大，需要根据使用的操作系统选择 ARM 核心。如果希望使用 WinCE 或 Linux 等操作系统以减少软件开发时间，就需要选择 ARM720T 以上带有 MMU（Memory Management Unit）功能的 ARM 芯片，ARM720T、Stron-gARM、ARM920T、ARM922T、ARM946T 都带有 MMU 功能。而 ARM7TDMI 没有 MMU，不支持 Windows CE 和大部分的 Linux，但目前有 uClinux 等少数几种 Linux 不需要 MMU 的支持。

2．系统时钟控制器

系统时钟决定了 ARM 芯片的处理速度。ARM7 的处理速度为 0.9MIPS/MHz，常见的 ARM7 芯片系统主时钟为 20MHz～133MHz，ARM9 的处理速度为 1.1MIPS/MHz，常见的 ARM9 的系统主时钟为 100MHz～233MHz，ARM10 最高可以达到 700MHz。

不同的处理器时钟处理方式也不同，在一个处理器上可以有一个或者多个时钟。使用多个时钟的处理器，处理器核心和外部设备控制器使用不同的时钟源。一般来说，一个处理器的时钟频率越高，处理能力也越强。

3．内部存储器容量

许多 ARM 芯片都带有内部存储器 Flash 和 ARM。带有内部存储器的芯片，无论是安装还是调试都很方便，而且减少了外围器件，减低了成本。但是内部存储器受到体积和工艺的限制不能做到很大。在不需要大容量存储器时，可以考虑选用有内置存储器的 ARM 芯片，如表 1.2 所示。

表 1.2 内置存储器的 ARM 芯片

芯片型号	供应商	Flash 容量	ROM 容量	SRAM 容量
AT91F40162	Atmel	2 MB		4 KB
AT91FR4081	Atmel	1 MB		128 KB
SAA7750	Philips	384 KB		64 KB
PUC3030A	Micronas	256 KB	256 KB	56 KB
HMS30C7202	Hynix	192 KB		
ML67Q4001	OKI	256 KB		
LC67F500	Sanyo	640 KB		32 KB

4．GPIO 数量

GPIO 的数量是一个重要指标。嵌入式微处理器主要用来处理各种外围设备数据，如果一个芯片支持较多的 GPIO 引脚，无疑对用户的开发和以后扩展都留有很大余地。需要注意的是，有的芯片 GPIO 是和其他功能复用的，在选择时应当注意。

5．中断控制器

ARM 内核只提供快速中断（FIQ）和标准中断（IRQ）两个中断向量。但各个半导体厂家在设计芯片时加入自己的中断控制器，以便支持诸如串行口、外部中断、时钟等硬件中断。外部中断控制是选择芯片必须考虑的重要因素，合理的外部中断设计可以很大程度地减少任务调度工作量。例如，PHILIPS 公司的 SAA7750，所有 GPIO 都可以设置成 FIQ 或 IRQ，并且可以选择上升沿、下降沿、高电平、低电平 4 种中断方式。这使得红外线遥控接收、指轮盘和键盘等任务都可以作为背景程序运行。而 Cirrus Logic 公司的 EP7312 芯片，只有 4 个外部中断源，并且每个中断源都只能是低电平或高电平中断，这样在用于接收红外线信号的场合时就必须用查询方式，会浪费大量 CPU 时间。

6．IIS（Integrate Interface of Sound）接口

即集成音频接口。使用该接口可以把解码后的音频数据输出到音频设备上。如果设计音频应用产品，IIS 总线接口是必需的。

7．nWAIT 信号

外部总线速度控制信号。不是每个 ARM 芯片都提供这个信号引脚，利用这个信号与廉价的 GAL 芯片就可以实现与符合 PCMCIA 标准的 WLAN 卡和 Bluetooth 卡的接口，而不需要外加高成本的 PCMCIA 专用控制芯片。另外，当需要扩展外部 DSP 协处理器时，此信号也是必需的。

8．RTC（Real Time Clock）

中文称为实时时钟控制器，很多 ARM 芯片都提供实时时钟功能，但方式不同。如 Cirrus Logic 公司的 EP7312 的 RTC 只是一个 32 位计数器，需要通过软件计算出年月日时分秒；而 SAA7750 和 S3C2410 等芯片的 RTC 直接提供年月日时分秒格式。

9．LCD 控制器

越来越多的嵌入式设备开始提供友好的界面，使用最多的就是 LCD 屏。有些 ARM 芯片内置 LCD 控制器，有的甚至内置 64K 彩色 TFT LCD 控制器。在设计 PDA 和手持式显示记录设备时，选用内置 LCD 控制器的 ARM 芯片（如 S3C2410）较为适宜。

10．USB 接口

USB（Universal Serial Bus，通用串行总线）是目前最流行的数据接口。在嵌入式产品中提供一个 USB 接口很大程度上方便了用户的数据传输。许多 ARM 芯片都提供了 USB 控制器，有些芯片甚至同时提供了 USB 主机控制器和 USB 设备控制器，如 S3C2440A 处理器。

11．PWM 输出

有些 ARM 芯片有 2～8 路 PWM 输出，可以用于电机控制或语音输出等场合。

12．ADC 和 DAC

有些 ARM 芯片内置 2～8 通道 8～12 位通用 ADC，可以方便地与处理模拟信号的设备互

联,如用于电池检测、触摸屏和温度监测等。PHILIPS 的 SAA7750 更是内置了一个 16 位立体声音频 ADC 和 DAC,并且带耳机驱动。

13. 串行控制器 UART

串行通信是嵌入式开发必备的一个功能。用户在开发的时候都需要用到串口,查看调试输出信息,甚至提供给客户的命令行界面也都是通过串口控制的。几乎所有的 ARM 芯片都具有 1~2 个 UART 接口,用于支持串口操作。目前大多数 ARM 芯片内部集成的 UART 控制器波特率都不超过 25600B/s。

14. 时钟计数器和看门狗 WatchDog

一般 ARM 芯片都具有 2~4 个 16 位或 32 位时钟计数器和一个看门狗计数器。

15. 电源管理功能

ARM 芯片的耗电量与工作频率成正比,一般 ARM 芯片都有低功耗模式、睡眠模式和关闭模式。

16. DMA 控制器

有些 ARM 芯片内部集成有 DMA(Direct Memory Access),可以和硬盘等外部设备高速交换数据,同时减少数据交换时对 CPU 资源的占用。如果用户设计一个影音播放器或机顶盒等,集成 DMA 控制器的芯片可以优先考虑。

另外,还可以选择的内部功能部件有 HDLC、SDLC、CD-ROM Decoder、Ethernet MAC、VGA controller、DC-DC。可以选择的内置接口有 IIC、SPDIF、CAN、SPI、PCI、PCMCIA。

最后需说明的是封装问题。ARM 芯片现在主要的封装有 QFP、TQFP、PQFP、LQFP、BGA、LBGA 等形式,BGA 封装具有芯片面积小的特点,可以减少 PCB 板的面积,但是需要专用的焊接设备,无法手工焊接。另外一般 BGA 封装的 ARM 芯片无法用双面板完成 PCB 布线,需要多层 PCB 板布线。

1.6 嵌入式 Linux

嵌入式 Linux 是以 Linux 为基础的嵌入式操作系统,它被广泛应用在移动电话、个人数字助理(PDA)、媒体播放器、消费性电子产品以及航空航天等领域中。嵌入式 Linux 是将日益流行的 Linux 操作系统进行裁剪修改,使之能在嵌入式计算机系统上运行的一种操作系统。嵌入式 Linux 既继承了 Internet 上无限的开放源代码资源,又具有嵌入式操作系统的特性。嵌入式 Linux 的特点是版权免费,而且性能优异,软件移植容易,代码开放,有许多应用软件支持,应用产品开发周期短,新产品上市迅速,稳定性好、安全性好。

1.6.1 常见的嵌入式操作系统

国际上常见的嵌入式操作系统大约有 40 种,如 Linux、uClinux、WinCE、PalmOS、Symbian、eCos、uCOS-II、VxWorks、pSOS、Nucleus、ThreadX、Rtems、QNX、INTEGRITY、OSE、C Executive。它们基本可以分为两类,一类是面向控制、通信等领域的实时操作系统,如

WinDriver 公司的 VxWorks、ISI 的 pSOS、QNX 系统软件公司的 QNX、ATI 的 Nucleus 等；另一类是面向消费电子产品的非实时操作系统，这类产品包括个人数字助理（PDA）、移动电话、机顶盒、电子书、WebPHONE 等，系统有 Microsoft 的 WinCE、3Com 的 Palm，以及 Symbian 和 Google 的 Android 等。

1. VxWorks

VxWorks 操作系统是美国 WindRiver 公司于 1983 年设计开发的一种嵌入式实时操作系统（RTOS），是 Tornado 嵌入式开发环境的关键组成部分。良好的持续发展能力、高性能的内核以及友好的用户开发环境，在嵌入式实时操作系统领域逐渐占据一席之地。

VxWorks 具有可裁剪微内核结构，高效的任务管理，灵活的任务间通信，微秒级的中断处理，支持 POSIX 1003.1b 实时扩展标准，支持多种物理介质及标准的、完整的 TCP/IP 网络协议等，然而其价格昂贵。由于操作系统本身以及开发环境都是专有的，价格一般都比较高，通常需花费 10 万元人民币以上才能建起一个可用的开发环境，对每一个应用一般还要另外收取版税。一般不提供源代码，只提供二进制代码。由于它们都是专用操作系统，需要专门的技术人员掌握开发技术和维护，因此软件的开发和维护成本都非常高，支持的硬件数量有限。

2. Windows CE

Windows CE 与 Windows 系列有较好的兼容性，无疑是 Windows CE 推广的一大优势。其中 Windows CE 3.0 是一种针对小容量、移动式、智能化、模块化的实时嵌入式操作系统。为建立针对掌上设备、无线设备的动态应用程序服务提供了一种功能丰富的操作系统平台，它能在多种处理器体系结构上运行，并且通常适用于那些对内存占用空间具有一定限制的设备。它是从整体上为有限资源的平台设计的多线程、完整优先权、多任务的操作系统。它的模块化设计允许它对从掌上电脑到专用的工业控制器的用户电子设备进行定制。

从技术角度上讲，Windows CE 作为嵌入式操作系统有很多的缺陷：没有开放源代码，使应用开发人员很难实现产品的定制；在效率、功耗方面的表现并不出色，而且和 Windows 一样占用过多的系统内存，运用程序庞大；版权许可费也是厂商不得不考虑的因素。

3. 嵌入式 Linux

其最大的特点是源代码公开并且遵循 GPL 协议，由于其源代码公开，人们可以任意修改，以满足自己的应用，并且查错也很容易。遵从 GPL，无须为每例应用交纳许可证费。有大量的应用软件可用，其中大部分都遵从 GPL，是开放源代码和免费的，可以稍加修改后应用于用户自己的系统。有大量免费优秀的开发工具，且都遵从 GPL，是开放源代码的。有庞大的开发人员群体，无须专门的人才，只要懂 UNIX/Linux 和 C 语言即可。

随着 Linux 在中国的普及，这类人才越来越多，所以软件的开发和维护成本很低。优秀的网络功能，这在 Internet 时代尤其重要。嵌入式 Linux 和普通 Linux 并无本质区别，PC 上用到的硬件嵌入式 Linux 几乎都支持。而且各种硬件的驱动程序源代码都可以得到，为用户编写自己专有硬件的驱动程序带来很大方便。

4. μC/OS-II

μC/OS-II 是著名的源代码公开的实时内核，是专为嵌入式应用设计的，可用于 8 位、16 位和 32 位单片机或数字信号处理器（DSP）。它是在原版本 μC/OS 的基础上做了重大改进与升级，并有了近十年的使用实践，有许多成功应用该实时内核的实例。

5. QNX

由 QNX 软件公司所开发的 QNX 操作系统，也是一套类 UNIX 的嵌入式操作系统，与 VxWorks 相同，QNX 也是一套符合 POSIX 规范的操作系统。

与 VxWorks 同样发源于 20 世纪 80 年代的 QNX，其特殊之处，在于其并非采用传统的高阶硬件虚拟层方式设计，而是以非常细碎的 tasks 形式来执行，由许多的微核心为基础组成完整的 OS 服务，因此 QNX 的硬件设计者可以自由地选择加载执行或不加载某些特定的服务，而不用去变更 QNX 的核心程序部分。因此，基于 QNX 的嵌入式操作系统可以做到非常小的程度，而且依然可以具有相当高的效率与完整的菜单项。

6. Nucleus Plus

这款嵌入式操作系统主要特征就是轻薄短小，其架构上的延展性，可以让 Nucleus RTOS 所占的储存空间压缩到仅有 13KB 左右，而且 Nucleus Plus 是一款不需授权费的操作系统，并且提供了源代码。

Nucleus Plus 本身只是 Acclerated Technology 公司完整解决方案里面的其中一环，这个 RTOS 本身架构属于先占式多工设计，有超过 95%的源代码是用标准的 ANSI C 语言所编写的，因此可以非常有效率地移植到各种不同的平台。

就如同 QNX 一般，Nucleus Plus 也可以根据目标产品的需求，来自行剪裁所需要的系统功能，达到精简体积的目的。而配合相对应的编译器（Borland C/C++、Microsoft C/C++）以及动态连接程序库和各种底层驱动程序，在开发上拥有相当大的便利性。诸如飞思卡尔（Freescale）、罗技（Logitech）公司、美国 NEC、SK Telecom 等公司，都有采用 Nucleus Plus 嵌入式操作系统作为开发产品使用。

1.6.2 嵌入式 Linux 操作系统

Linux 系统是一个免费使用的类似 UNIX 的操作系统，最初运行在 X86 体系结构，目前已经被移植到数十种处理器上。Linux 最初由芬兰的一位计算机爱好者 Linus Torvalds 设计开发，经过十余年的发展，现在该系统已经是一个非常庞大、功能完善的操作系统。Linux 系统的开发和维护是由分布在全球各地的数千名程序员完成的，这得益于它的源代码开发特性。

与商业系统相比，Linux 系统在功能上一点都不差，甚至在许多方面要超过一些著名的商业操作系统。Linux 不仅支持丰富的硬件设备、文件系统，更主要的是它提供了完整的源代码和开发工具。对于嵌入式开发来说，使用 Linux 系统可以帮助用户从底层了解嵌入式开发的全过程，以及一个操作系统内部是如何运行的。学习 Linux 系统开发对初学者有很大的帮助。

1. Linux 内核版本

Linux 内核的主要模块（或组件）分以下几个部分：存储管理、CPU 和进程管理、文件系统、设备管理和驱动、网络通信，以及系统的初始化（引导）、系统调用等。

Linux 内核版本号命令是由 x、y、z 三部分数字组成的。

（1）x 为主版本号。

（2）y 为次版本号，偶数代码是稳定版本，奇数代码是测试版本。

（3）z 为对前版本的修改次数。

例如，2.6.12 表示对核心版本的第 12 次修改。

2．Linux 发行版

Linux 系统是开发的，任何人都可以制作自己的系统，因此出现了许多厂商和个人都在发行自己的 Linux 系统。发行版为许多不同的目的而制作，包括对不同计算机结构的支持，对一个具体区域或语言的本地化，实时应用，和嵌入式系统，甚至许多版本故意地只加入免费软件。目前已经有超过 300 个发行版被积极地开发，最普遍被使用的发行版大约有 12 个。

下面介绍几种国内常见的 Linux 发行版供读者参考。

（1）Red Hat Linux

这是最著名的 Linux 版本了，Red Hat Linux 已经创造了自己的品牌，越来越多的人听说过它。Red Hat 在 1994 年创业，当时聘用了全世界 500 多名员工，他们都致力于开放的源代码体系。

Red Hat Linux 是公共环境中表现上佳的服务器。它拥有自己的公司，能向用户提供一套完整的服务，这使得它特别适合在公共网络中使用。这个版本的 Linux 也使用最新的内核，还拥有大多数人都需要使用的主体软件包。

Red Hat 是一个符合大众需求的最优版本。在服务器和桌面系统中它都工作得很好。Red Hat 的唯一缺陷是带有一些不标准的内核补丁，这使得它难于按用户的需求进行定制。Red Hat 通过论坛和邮件列表提供广泛的技术支持，它还有自己公司的电话技术支持，后者对要求更高技术支持水平的集团客户更有吸引力。

（2）Debian

Debian Project 诞生于 1993 年 8 月 13 日，它的目标是提供一个稳定容错的 Linux 版本。支持的不是某家公司，而是许多在其改进过程中投入了大量时间的开发人员，这种改进吸取了早期 Linux 的经验。

Debian 以其稳定性著称，虽然它的早期版本 Slink 有一些问题，但是它的现有版本 Potato 已经相当稳定了。这个版本更多地使用了 Pluggable Authentication Modules（PAM），综合了一些更易于处理的需要认证的软件（如 Winbind for Samba）。

Debian 主要通过基于 Web 的论坛和邮件列表来提供技术支持。作为服务器平台，Debian 提供一个稳定的环境。为了保证它的稳定性，开发者不会在其中随意添加新技术，而是通过多次测试之后才选定合适的技术加入。当前最新正式版本是 Debian 6，采用的内核是 Linux 2.6.32。

（3）Fedora Core

Fedora Core（自第七版直接更名为 Fedora）是众多 Linux 发行版之一。它是一套从 Red Hat Linux 发展出来的免费 Linux 系统。Fedora Core 的前身就是 Red Hat Linux。Fedora 是一个开放的、创新的、前瞻性的操作系统和平台，基于 Linux。它允许任何人自由地使用、修改和重发布，无论现在还是将来。它由一个强大的社群开发，这个社群的成员以自己的不懈努力，提供并维护自由、开放源码的软件和开放的标准。Fedora 项目由 Fedora 基金会管理和控制，得到了红帽子公司（Red Hat,Inc.）的支持。Fedora 是一个独立的操作系统，是 Linux 的一个发行版，可运行的体系结构包括 x86（即 i386-i686）、x86_64 和 PowerPC。

（4）Ubuntu

Ubuntu 是一个以桌面应用为主的 Linux 操作系统，其名称来自非洲南部祖鲁语或豪萨语的

"ubuntu"一词（译为吾帮托或乌班图），意思是"人性"、"我的存在是因为大家的存在"，是非洲传统的一种价值观，类似华人社会的"仁爱"思想。Ubuntu基于Debian发行版和GNOME桌面环境，与Debian的不同在于它每6个月会发布一个新版本。Ubuntu的目标在于为一般用户提供一个最新的、同时又相当稳定的主要由自由软件构建而成的操作系统。Ubuntu具有庞大的社区力量，用户可以方便地从社区获得帮助。随着云计算的流行，Ubuntu推出了一个云计算环境搭建的解决方案，可以在其官方网站找到相关信息。于2012年4月26日发布最终版Ubuntu 12.04，Ubuntu 12.04是长期支持的版本。

本章小结

本章概括介绍了嵌入式系统的基本常识、组成结构、应用状况、软硬件平台的发展，介绍了ARM微处理器的概念、特点和功能选型，最后介绍了几种常见的嵌入式Linux系统以及Linux系统的内核版本和发行版本。本章的知识点比较广泛，读者只需要了解即可，全书在涉及本章所介绍的内容的地方会详细讲解各知识点。

第 2 章

嵌入式 Linux 开发环境构建

进行嵌入式项目开发，需要建立嵌入式开发环境。建立嵌入式 Linux 开发环境包括 Bootloader 工具，针对不同平台的交叉编译器（在本书中都是针对 ARM 平台）arm-linux-gcc，需要编译配置内核时还要安装内核源码树，在调试时使用的一些终端软件、TFTP 软件、FTP 软件，有内核和文件系统的烧写工具。本章主要介绍嵌入式 Linux 系统移植过程中用到的交叉编译环境建立，以及各种工具的安装和配置。

2.1 虚拟机及 Linux 安装

很多工具都是 Windows 版本的，而要求的开发环境是 Linux 环境。在 Windows 系统中安装虚拟机，然后再虚拟一个 Linux 环境，使 Linux 和 Windows 能够互相通信。这种方案解决了很多软件不兼容两种平台的问题。

2.1.1 虚拟机 VMware Workstation 软件介绍

VMware Workstation（中文名"威睿工作站"）是一款功能强大的桌面虚拟计算机软件，提供用户可在单一的桌面上同时运行不同的操作系统，是进行开发、测试、部署新的应用程序的最佳解决方案。VMware Workstation 可在一部实体机器上模拟完整的网络环境，以及可便于携带的虚拟机器，其更好的灵活性与先进的技术胜过了市面上其他的虚拟计算机软件。

VMware Workstation 允许操作系统（OS）和应用程序（Application）在一台虚拟机内部运行。虚拟机是独立运行主机操作系统的离散环境。在 VMware Workstation 中，用户可以在一个窗口中加载一台虚拟机，它可以运行自己的操作系统和应用程序。用户也可以在运行于桌面上的多台虚拟机之间切换，通过一个网络共享虚拟机（如一个公司局域网），挂起和恢复虚拟机以及退出虚拟机，这一切不会影响你的主机操作和任何操作系统或者其他正在运行的应用程序。

虚拟机 VMware Workstation 软件的安装和普通软件的安装过程一样，这里就不详细介绍了。

2.1.2 安装 Linux 操作系统 Ubuntu12.04

这里选择了现在流行的、资料丰富、易于使用的 Ubuntu 作为嵌入式开发平台。作为一个基于 GNU/Linux 的平台，Ubuntu 不但免费，而且有专业人员和业余爱好者共同为其提供技术支持。下面就在虚拟机中安装这个 Linux 发行版 Ubuntu，但首先要确认磁盘的剩余空间大于 15GB。

（1）打开 VMware Workstation 软件，单击"Create a New Virtual Machine"图标，进行虚拟计算机的创建，如图 2.1 所示。

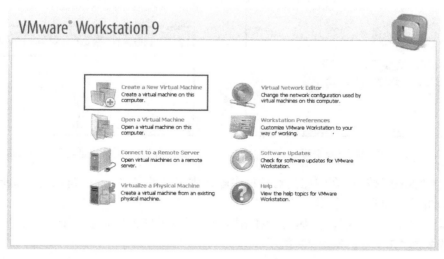

图 2.1　VMware 启动界面

（2）在"新建虚拟机向导"窗口中选择"Custom（advanced）"选项，如图 2.2 所示。
（3）单击"Next"按钮，进行虚拟机硬件兼容性配置，如图 2.3 所示。

图 2.2　虚拟机配置

图 2.3　虚拟机硬件兼容性配置

（4）单击"Next"按钮，在弹出的对话框中选中"I will install the operating system later"单选按钮，如图 2.4 所示。
（5）单击"Next"按钮，在弹出的对话框中选择要安装的系统类型为"Linux"，发行版是"Ubuntu"，如图 2.5 所示。

图 2.4　虚拟机安装来源

图 2.5　系统类型与发行版的选择

（6）单击"Next"按钮，在弹出的对话框中输入虚拟机的名字，选择自己将要安装的 Ubuntu 系统保存的路径，如图 2.6 所示。

（7）单击"Next"按钮，在弹出的对话框中，设置系统的处理器个数为"1"个，每个处理器的内核数为"1"个，如图 2.7 所示。

图 2.6　设置系统的名称与存放路径

图 2.7　处理器和处理器内核的数量设置

（8）单击"Next"按钮，在弹出的对话框中，设置内存大小，可以根据自己计算机的实际配置情况，配置大一点或者小一点，如图 2.8 所示。

（9）单击"Next"按钮，在弹出的对话框中选择网络连接方式，这里选择"网络桥接"，如图 2.9 所示。

（10）单击"Next"按钮，在弹出的对话框中选中"LSI Logic（Recommended）"单选按钮，单击"Next"按钮，如图 2.10 所示。

（11）单击"Next"按钮，在弹出的对话框中选中"Create a new virtual disk"单选按钮，如图 2.11 所示。

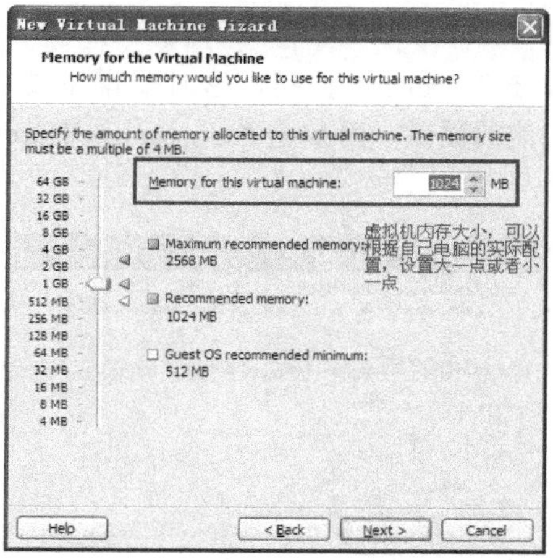

图 2.8　设置内存大小

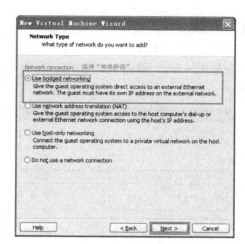
图 2.9　选择"网络桥接"

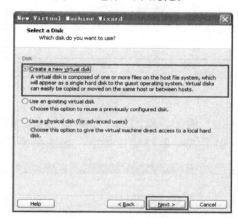
图 2.10　选择 SCSI 控制器

图 2.11　创建虚拟硬盘

（12）单击"Next"按钮，在弹出的对话框中选择硬盘接口类型，如图 2.12 所示。
（13）单击"Next"按钮，在弹出的对话框中，设置硬盘大小，如图 2.13 所示。

图 2.12　选择硬盘接口类型

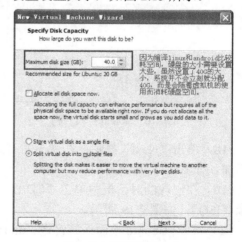
图 2.13　设置硬盘大小

（14）单击"Next"按钮，在弹出的对话框中选择硬盘文件名称，这里使用默认设置，如

图 2.14 所示。

（15）单击"Next"按钮，在弹出的对话框中单击"Finish"按钮，这时配置完成，接受进入安装 Ubuntu，如图 2.15 所示。如果还需添加其他的硬件，可单击"Customize Hardware"按钮。

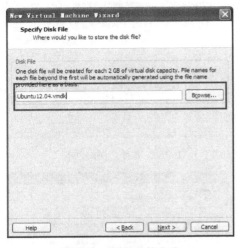

图 2.14　硬盘文件名称

图 2.15　完成新建虚拟机向导

（16）例如，新添加一个串口设备，如图 2.16 所示。

（17）选择串行端口类型，如选择使用计算机的物理串口，如图 2.17 所示。

图 2.16　添加串口设备

图 2.17　选择串行端口类型

（18）单击"Next"按钮，在弹出的对话框中进行参数的配置，单击"Finish"按钮完成串口添加，如图 2.18 所示。

（19）在出现的对话框中单击"CD/DVD(IDE)　Auto detect"，选择 BIOS 导入的安装系统镜像（ISO），如图 2.19 所示。

（20）导入 Ubuntu 桌面系统镜像"ubuntu-12.04.2-desktop-i386.iso"，如图 2-20 所示，该镜像文件可从 Ubuntu 的官网上（http://www.ubuntu.org.cn/download）下载，可下载 Ubuntu 最新版本，这里使用 Ubuntu 稳定版 ubuntu-12.04.2。

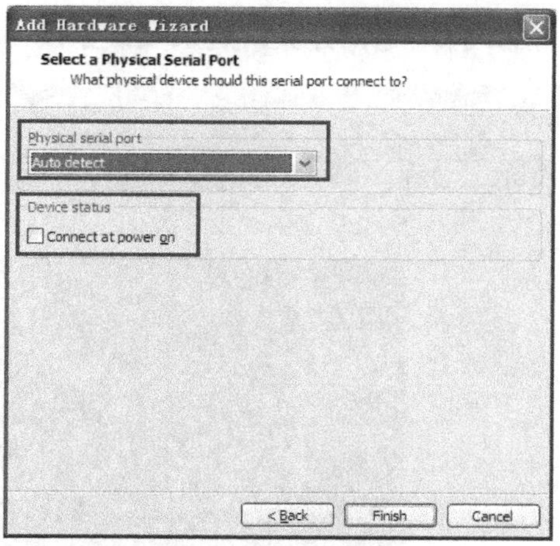

图 2.18　完成串口添加

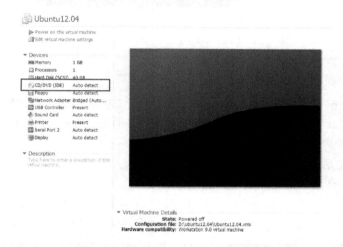

图 2.19　选择 BIOS 导入的安装系统镜像

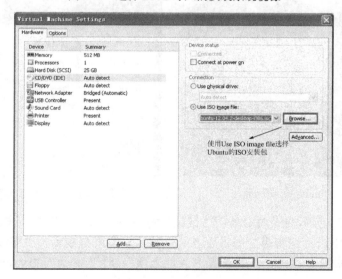

图 2.20　选择 Ubuntu 系统镜像

（21）导入系统镜像成功后，打开电源开关，进入安装系统，如图 2.21 所示。

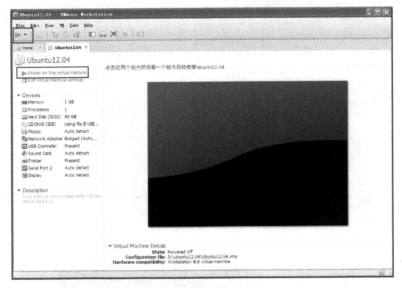

图 2.21　进入安装系统

在这里，VMware 下创建的虚拟计算机已经完成了 BIOS 设置，其 BIOS 设置是从光盘引导，同时已经把 Linux 系统安装盘放入了虚拟光驱中，单击"Power on the virtual machine"之后虚拟计算机就已启动。

虚拟计算机通电后，开始了 Ubuntu 的安装过程。

进入了 Ubuntu 的开始安装界面，如图 2.22 所示。

如果想要安装英文版的 Ubuntu，单击"Install Ubuntu"按钮开始安装。为了学习方便，想安装中文简体版本的 Ubuntu，请单击"安装 Ubuntu"按钮，如图 2.23 所示。

 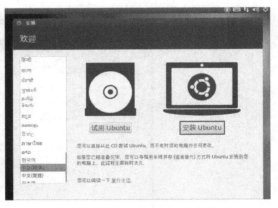

图 2.22　Ubuntu 安装界面　　　　　　图 2.23　安装中文版本的 Ubuntu

在出现如图 2.24 所示的界面中单击"继续"按钮，进入下一步的操作。

在出现的界面中进行安装类型的设置，如果默认设置就直接单击"继续"按钮，如图 2.25 所示。如果想自己调整分区大小，请选择"其他选项"，对"/boot"、"/swap"和根目录"/"进行分区的大小配置。

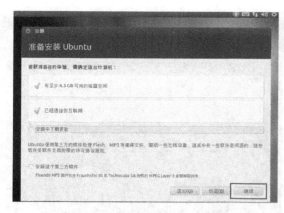
图 2.24　准备安装 Ubuntu 界面

图 2.25　安装类型界面

在出现如图 2.26 所示的界面中单击"现在安装"按钮，开始 Ubuntu 的安装工作。

在弹出的界面中选择恰当的时间区域，如图 2.27 所示，单击"继续"按钮进入下一步的操作。

图 2.26　清除整个磁盘并安装 Ubuntu 界面

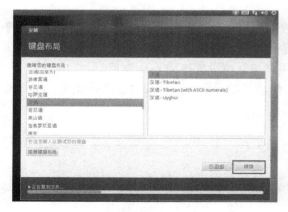
图 2.27　选择恰当的时间区域

在弹出的界面中选择键盘布局，如图 2.28 所示，再单击"继续"按钮进入下一步的操作。

在弹出的界面中选择所需要的语言，一般建议用"英语（美国）"，如图 2.29 所示，单击"继续"按钮进入下一步的操作。

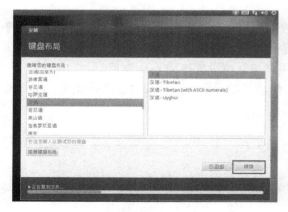
图 2.28　键盘布局

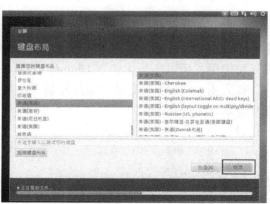
图 2.29　选择英语

在弹出的界面中，设置用户名和密码，如图 2.30 所示，然后单击"继续"按钮，开始最后的安装步骤，这一步骤需要等待的时间比较长，如图 2.31 所示。

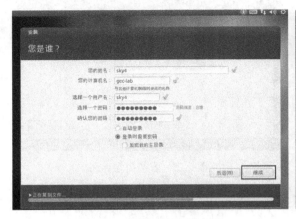 

图 2.30　设置用户名和密码　　　　　　　　　图 2.31　正在安装

安装好 Ubuntu12.04 后的界面，如图 2.32 所示。

图 2.32　安装后的界面

2.1.3　设置 Ubuntu 的 root 账号

Ubuntu 12.04 安装时的账号是不具有 root 权限的，登录页面也没有提供 root 的登录。对于要使用 root 权限的操作时，可以通过 sudo 来提升权限，这种做法比较安全，但并不方便嵌入式开发使用。所以还是建议在 Ubuntu 12.04 的用户登录中设置使用 root 登录。

首先用 Ctrl+Alt + T 组合键打开超级终端，然后开始设置在 Ubuntu 12.04 中使用 root 账号进行登录。方法如下：

（1）先设定一个 root 的密码：

```
#sudo passwd root
```

（2）root 登录：

```
#su root
```

（3）备份一下 lightgdm：

```
#cp -p /etc/lightdm/lightdm.conf /etc/lightdm/lightdm.conf.bak
```

(4) 编辑 lightdm.conf：
```
#sudo gedit /etc/lightdm/lightdm.conf
```
(5) 对这配置文件 lightdm.conf 加入下面一行内容：
```
greeter-show-manual-login=true allow-guset=false
```
修改后为：
```
[SeatDefaults]
greeter-session=unity-greeter
user-session=ubuntu
greeter-show-manual-login=true   #手动输入登录系统的用户名和密码
//add by dj   自动登录是root用户
//autologin-user=root
```
重启登录之后，会出现如图 2.33 所示的登录界面。

注意：如果 root 登录后还没声音，可以通过以下的方法解决：执行
```
#pulseaudio --start --log-target=syslog
```
Ubuntu root 登录没有声音这个问题的根本原因是使用 root 登录后 pulseaudio 没有启动。将 root 加到 pulse-access 组：
```
#sudo usermod -a -G pulse-access root
```
然后修改配置文件/etc/default/pulseaudio：
```
#sudo gedit /etc/default/pulseaudio
```
在配置文件 pulseaudio 中，将 PULSEAUDIO_SYSTEM_START 设为 1。

图 2.33 Ubuntu 登录界面

2.1.4 修改 Ubuntu 的默认图形界面

Ubuntu 12.04 默认使用 unity 图形界面，如果不喜欢可以安装经典界面，打开终端命令：
```
#sudo apt-get intall gnome-session-faillback
```
启动系统后在登录框右上角选择"gnome（classic）"选项。
将 classic 界面设为系统默认图形界面，需要修改 lightdm.conf 配置文件。
```
#vi /etc/lightdm/lightdm.conf
```
打开 lightdm.conf 配置文件后，按照下面内容修改：
```
user-session=ubuntu -> user-session=gnome-classic
```

2.1.5 修改 Linux 系统中的计算机名称

当 Ubuntu 安装完成后打开终端会发现自己的 Ubuntu 的计算机名是一串很长的字符，不便于记住，若要更改为其他名称，就按下面的步骤进行操作。

可以使用 hostname 命令进行修改，hostname 命令格式：

```
hostname <新计算机名>-
```

图 2.34 中计算机名是"ngs-lab"，如要改为"aib-lab"，则输入命令：

```
$ sudo hostname abi-lab
```

修改完后，打开新的终端窗口，显示修改成功的计算机名为"aib-lab"，如图 2.35 所示。

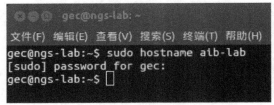 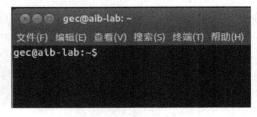

图 2.34　计算机名为"ngs-lab"　　　　　　图 2.35　修改后计算机名

重启 Ubuntu 系统，发现刚刚修改的计算机名称没有保存。又变回修改前的计算机名了。要想永久修改自己的计算机名称，那就需要做出如下的修改：

（1）修改/etc/hostname 文件：

```
$sudo vi /etc/hostname
```

输入密码后，进入文本编辑器，将里面显示的内容修改为用户自己想要设置的计算机名称"aib-lab"。

（2）需要继续修改/etc/hosts：

```
$sudo vi /etc/hosts
```

打开/etc/hosts 文件，将文件内容中的 127.0.1.1 后面那串名称也修改成了和"/etc/hostname"中一样的名称"aib-lab"。至此，修改计算机名称的操作完成。

2.2　安装 VMware Tools

VMware Tools 是 VMware 虚拟机中自带的一种增强工具，相当于 VirtualBox 中的增强功能（Sun VirtualBox Guest Additions），是 VMware 提供的增强虚拟显卡和硬盘性能，以及同步虚拟机与主机时钟的驱动程序。

只有在 VMware 虚拟机中安装好了 VMware Tools，才能实现主机与虚拟机之间的文件共享，同时可支持自由拖曳的功能，鼠标也可在虚拟机与主机之前自由移动（不用再按 Ctrl+Alt 组合键），且虚拟机屏幕也可实现全屏化。

安装 VMware Tools 的操作步骤如下。

（1）单击虚拟机 VMware 的主菜单"VM"→"Install VMware Tools"菜单项，开始安装 VMware Tools，如图 2.36 所示。

（2）已经加载进去之后，就会出现 VMware Tools 的安装包，如图 2.37 所示。

图 2.36　选择安装 VMware Tools　　　　图 2.37　出现 VMware Tools 的安装包

（3）把 VMware Tools 的安装包复制到主文件夹 root 下，如图 2.38 所示。

（4）打开终端，进入刚把 VMware Tools 的安装包复制进入的主文件夹，如图 2.39 所示，输入命令"ls"，可看到文件"VMware Tools-9.2.0-799703.tar.gz"。

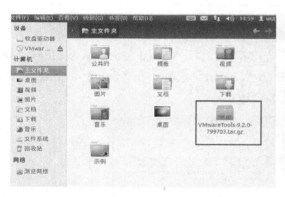
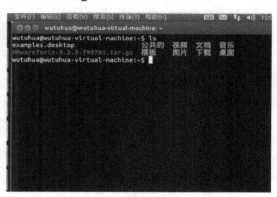

图 2.38　复制 VMware Tools 的安装包　　　　图 2.39　进入 VMware Tools 的安装包所在目录

（5）接着输入命令"tar zxvf VMwareTools-9.2.0-799703.tar.gz"，将安装包进行解压，如图 2.40 所示。

图 2.40　解压 VMware Tools 的安装包

（6）解压 VMware Tools 的安装包后，会生成目录 vmware-tools-distrib，打开该目录，输入命令"cd vmware-tools-distrib"，在终端输入命令"./vmware-install.pl"后就开始安装 VMware Tools，如图 2.41 所示。然后出现的所有安装提示一律按默认设置。

图 2.41　安装 VMware Tools

2.3　虚拟机与主机共享文件

设置文件共享后，能够在主机和虚拟机之间进行文件传输。

（1）选择"VM"→"Settings"命令，打开"虚拟机设置（Virtual Machine Settings）"对话框。选择"Options"选项卡，在其中选择"Shared Folders"选项。在"Folder sharing"选项区域中选中"Always enabled"单选按钮，如图 2.42 所示。

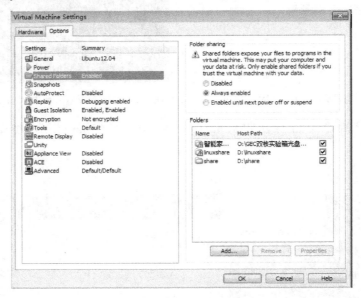

图 2.42　设置共享文件

（2）单击"Add"按钮，弹出"Add Shared Folder Wizard"对话框。然后单击右边的"Browse"按钮，选择在主机上作为共享的文件夹，这里选择 D 盘下的 share 文件夹，如图 2.43 所示。

（3）单击"Next"按钮，进入"指定共享文件夹属性"对话框，如图 2.44 所示。选中"Enable this share"复选框，然后单击"Finish"按钮，保存设置。进入"/mnt/hgfs"目录下，会发现多了一个目录"share"。进入"share"目录下，可以看到在 Windows 系统下的文件。

图 2.43　选择作为共享的文件夹

图 2.44　指定共享文件夹属性

2.4　安装配置 minicom

minicom 是一个串口通信工具，就像 Windows 下的超级终端。可用来与串口设备通信，如调试交换机和 Modem 等。它的 Debian 软件包的名称就称为 minicom，用 apt-get install minicom 即可下载安装。

（1）Ubuntu 默认并没有安装 minicom。在终端上输入：

　　#sudo apt-get install minicom

即可安装 minicom，如图 2.45 所示（若读者虚拟机无法上网，请设置虚拟机的网络为共享模式，如图 2.46 所示）。

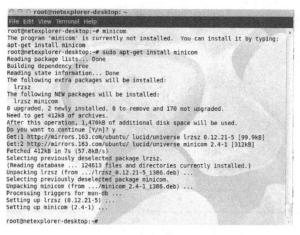

图 2.45　安装 minicom

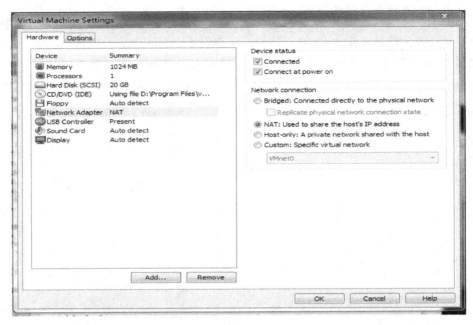

图 2.46 设置虚拟机网络

配置 minicom 时需要 VMware 串口，添加 VMware 串口支持（需将虚拟机关闭方可添加）。选择 Options 选项卡，单击"Add"按钮，如图 2.47 所示。

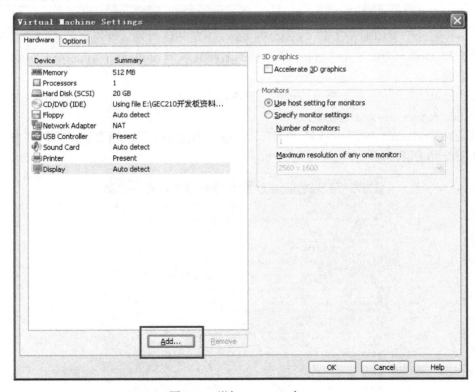

图 2.47 增加 VMware 串口

硬件类型选择"Serial Port",单击"Next"按钮,如图 2.48 所示。

下面步骤默认操作,单击"Next"按钮,在出现的对话框中单击"Finish"按钮,如图 2.49 和图 2.50 所示。

可看到已增加了 Serial Port 2 设备,如图 2.51 所示。

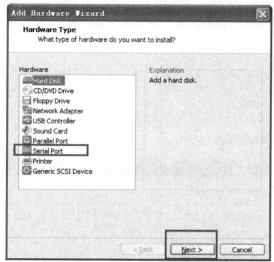

图 2.48　选择 Serial Port　　　　　　　　图 2.49　选择串口类型

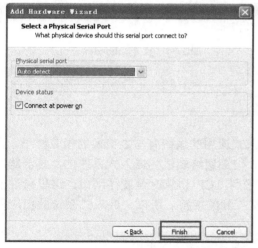　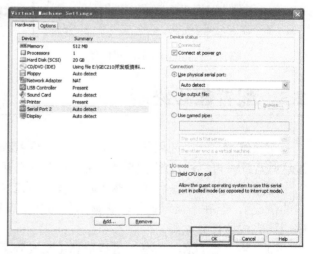

图 2.50　选择物理串口　　　　　　　　图 2.51　操作结果

(2) 在终端上输入:

```
#minicom -s
```

即可配置 minicom,启动 minicom 再按 Ctrl+A 组合键然后按 Z 键即可查看 minicom 帮助信息。

选择"Serial Port Setup",再选择"A",输入正确的串口终端一般为"/dev/ttyS0";选择"E",输入"1152008N1",选择"F"和"G"都设置为"NO",不使用流控,然后保存。选择"Save setup as dfl"保存全部配置,如图 2.52 和图 2.53 所示。

保存之后即可打开 minicom，可见通过串口连接上目标机，如图 2.54 所示。

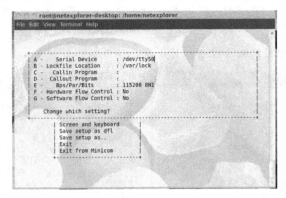

图 2.52　minicom 的配置

图 2.53　minicom 的配置信息

图 2.54　打开 minicom

2.5　配置超级终端

超级终端是一个通用的串行交互软件，很多嵌入式应用的系统有与之交换的相应程序，通过这些程序，可以通过超级终端与嵌入式系统交互，使超级终端成为嵌入式系统的"显示器"。

超级终端的原理是将用户输入随时发向串口（采用 TCP 协议时是发往网口，这里只说串口的情况），但并不显示输入。它显示的是从串口接收到的字符。所以，嵌入式系统的相应程序应该完成的任务如下。

（1）将自己的启动信息、过程信息主动发到运行有超级终端的主机。

（2）将接收到的字符返回到主机，同时发送需要显示的字符（如命令的响应等）到主机。

（3）在单片机开发时使用。

配置超级终端的步骤如下。

通常情况下，使用 Windows 系统自带的"超级终端"工具即可（或者用户也可以使用其他同类型的软件，这里仅针对"超级终端"做详细设置说明）。

（1）首先在"开始"菜单中，找到"程序"→"附件"→"通信"→"超级终端"，如图 2.55 所示。

（2）设置超级终端名称，任意名称即可，如图 2.56 所示。

图 2.55　打开超级终端

图 2.56　输入连接的名称

（3）选择串口，例如，如果自己串口线接在 PC 的串口 1 上就选择"COM1"，如图 2.57 所示。

（4）设置串口属性，每秒位数设置为"115200"，数据流控制选择"无"，如图 2.58 所示。

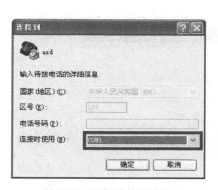

图 2.57　选择连接的串口

图 2.58　选择串口的设置属性

（5）单击"确定"按钮后，按 Enter 键或 Space 键，超级终端上就出现光标，如图 2.59 所示。

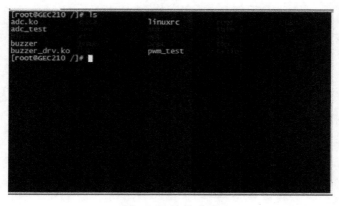

图 2.59　连接成功

2.6 NFS 挂载

1. 安装 NFS 服务

首先确保 Linux 系统内已安装 nfs-kernel-server、nfs-common，可用 nfsstat 查看，如果没有安装，则在 Linux 联网的情况下，执行如下两条命令（以 Ubuntu 为例）：

```
#sudo  apt-get install nfs-common
#sudo  apt-get install nfs-kernel-server //安装NFS服务器
```

安装完成后，配置相关脚本：

```
#vim /etc/exports
```

添加如下内容：

```
/opt/filesystem 192.168.1.*(rw,sync,no_root_squash)
```

"/opt/filesystem"为用户要共享的目录的绝对路径，要自己建立该目录；"192.168.1.*"为用户的局域网 IP 段，根据个人实际情况而定；"rw"为可读写；"sync"为同步；"no_root_squash"为 NFS 系统使用者的权限。

或者

```
/opt/filesystem *(rw,sync,no_root_squash)
```

不需要设置 IP 端，系统默认，如图 2.60 所示。

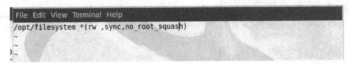

图 2.60 修改 nfs 配置文件 exports

上述配置完成后，重启 NFS 服务器：

```
#/etc/init.d/nfs-kernel-server restart
```

2. 设置网络 IP 地址

查看本地网络，设置虚拟机的 IP 地址为"192.158.1.161"，再次用 ifconfig 查看是否设置成功，如图 2.61 所示。

```
#ifconfig
#ifconfig eth0 192.168.1.161
#ifconfig
```

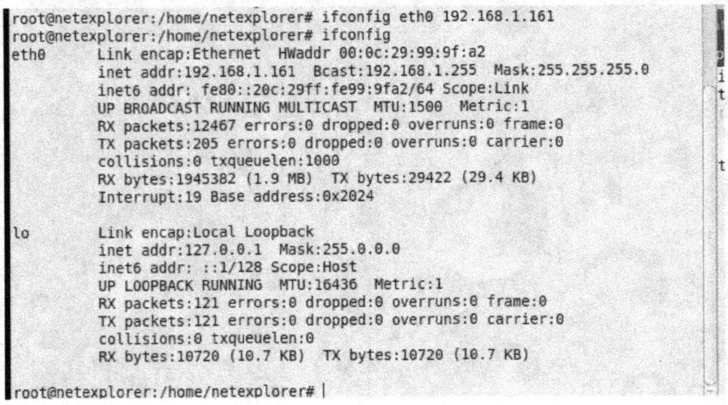

图 2.61 设置虚拟机 IP 地址

3. 设置目标机上的 IP 为 192.168.1.162

```
#ifconfig eth0 192.168.1.162
```

此处的 IP 必须同 Ubuntu 在同一网段中，然后执行 ping 命令，查看虚拟机(Ubuntu)是否连接成功。

```
#ping 192.168.1.161
```

网络连接成功，接着挂载 NFS。

```
#mount -t nfs -o nolock 192.168.1.161:/opt/filesystem   /mnt
```

注意：IP 地址 "192.168.1.161" 是 Ubuntu 的 IP 地址；"/opt/filesysytem" 为 Ubuntu 的目录（此处必须与 "vim /etc/exports" 脚本中的一致）；"/mnt" 为目标机上的系统目录。这两个目录，均可自定义。

挂载成功后，在目标机上的 "/mnt" 目录下能够获取 Ubuntu 下 "/opt/filesystem" 的所有内容。

2.7 交叉编译器的安装

嵌入式系统通常是一个资源受限的系统，因此直接在嵌入式系统的硬件平台上编写软件比较困难，有时甚至是不可能的。

解决办法：首先在通用计算机上编写程序；然后通过本地编译或者交叉编译生成目标平台上可以运行的二进制代码格式；最后在下载到目标平台上的特定位置上运行。

2.7.1 交叉编译器的定义

交叉编译是在一种平台上编译出能在另一种平台（体系结构不同）上运行的程序。在 PC 平台（X86 CPU）上编译出能运行在 ARM 平台上的程序，编译得到的程序在 X86 CPU 平台上是不能运行的，必须放到 ARM 平台上才能运行。用来编译这种程序的编译器就称为交叉编译器。

为了不跟本地编译器混淆，交叉编译器的名字一般都有前缀，如 arm-linux-gcc。

交叉开发环境是指编译、链接和调试嵌入式应用软件的环境，它与运行嵌入式应用软件的环境有所不同，通常采用宿主机－目标机模式。

宿主机（Host）是一台通用计算机。它通过串口或网络连接与目标机通信。宿主机的软硬件资源比较丰富，包括功能强大的操作系统和开发工具，能大大提高软件开发的效率和进度。

目标机（Target）常在嵌入式软件开发期间使用，用来区别与嵌入式系统通信的宿主机。目标机可以是嵌入式应用软件的实际运行环境，也可以是能替代实际环境的仿真系统。目标机体积较小，集成度高，软硬件资源配置恰到好处。外围设备丰富，硬件资源有限。

2.7.2 交叉编译环境搭建

（1）安装交叉编译工具链。从网上下载交叉编译工具源码，本书采用 4.5.1.tar.bz2 交叉编译工具源码，将其复制到用户目录下（文档以 /usr/local/arm 为例），并解压：

```
#tar jxvf 4.5.1.tar.bz2 -C /usr/local/arm
```

（2）修改环境变量：

```
#vim ~/.bashrc
```

在文件末添加：

```
export PATH=/usr/local/arm/4.5.1/bin:$PATH
```

更新环境变量：

```
#source ~/.bashrc
```

注意：上面的方法是针对用户权限来修改交叉编译器的环境变量。下面的方法是针对系统环境来修改交叉编译器的环境变量。

```
#vim /etc/bash.bashrc
```

在 bash.bashrc 最后添加下面语句：

```
export PATH=/usr/local/arm/4.5.1/bin:$PATH
```

更新环境变量，使环境变量生效：

```
#source /etc/ bash.bashrc
```

交叉编译器的使用参见 3.6 节。

本章小结

本章讲解了嵌入式 Linux 开发环境的安装，包括系统环境、开发工具、辅助工具等。开发工具是嵌入式开发所不可缺少的，每种工具都有自己的用途和范围，读者应该多实践，掌握常见开发工具的使用方法。

第 3 章

Linux 基础

3.1 Linux 基础知识

3.1.1 Linux 文件

1. 文件类型

Linux 下主要的文件类型可分为 4 种：普通文件、目录文件、链接文件和设备文件。

（1）普通文件。普通文件是用户最常使用的文件。它包括了文本文件、数据文件、二进制可执行程序。

（2）目录文件。在 Linux 中目录也是文件，其内容包含了文件名和子目录名以及指向文件和子目录的指针。目录文件是 Linux 中存储文件名的唯一地方，当把文件和目录相对应起来时，也就是用指针将其链接起来之后，就构成了目录文件。因此，在对目录文件进行操作时，通常不涉及对文件内容的操作，而只是对目录名和文件名的对应关系进行了操作。

在 Linux 系统中的每个文件中都有一个唯一的数据，而这个数值被称为索引结点。索引结点存储在一个称为索引结点表中。该表在磁盘格式化时被分配。每个实际的磁盘或分区都有自己的索引结点表。一个索引结点包含文件的所有信息，包括磁盘上数据的地址和文件类型。Linux 文件系统把索引结点号赋予根目录，这也就是 Linux 的根目录文件在磁盘上的地址。根目录文件包括文件名、目录名及它们各自的索引结点号的列表，Linux 可以通过查找从根目录开始的一个目录链来到达系统中的任何一个文件。

（3）链接文件。链接文件类似于 Windows 系统的快捷方式，但并不完全一样。链接文件可分为软链接文件和硬链接文件，其区别如表 3.1 所示。

表 3.1 链接文件

软链接文件	硬链接文件
软链接文件又称为符号链接，软链接文件包含了另一个文件的路径名，可以是任意文件或目录	硬链接文件是已存在另一个文件，不允许经目录创建硬链接
可以链接不同文件系统的文件或目录	只有同一文件系统中的文件之间才能创建链接
在对符号文件进行读或写操作时，系统会自动把操作转换为对源文件的操作，但删除链接文件时，系统仅仅删除链接文件夹，而不删除源文件本身	对硬链接文件进行读写和删除操作时，结果和软链接相同。但如果删除硬链接文件的源文件，硬链接文件仍然存在，而且保留了原有的内容。这时，系统就"忘记"了它曾经是硬链接文件，而把它当成了一个普通文件

（4）设备文件。在 Linux 中把设备抽象成文件，然后对设备文件的操作就像对普通文件那样进行操作。需要注意的是，Linux 中设备相关的文件一般都在“/dev”目录下，它主要包括两种，一种是字符设备文件；一种是块设备文件。字符设备文件主要指的是串行端口的接口设备。块设备文件是指数据的读写是以块为单位的设备，如硬盘。

2．文件属性

在 Linux 终端下输入“ls －l”命令列出当前目录下的所有文件和目录的相关信息，如图 3.1 所示。

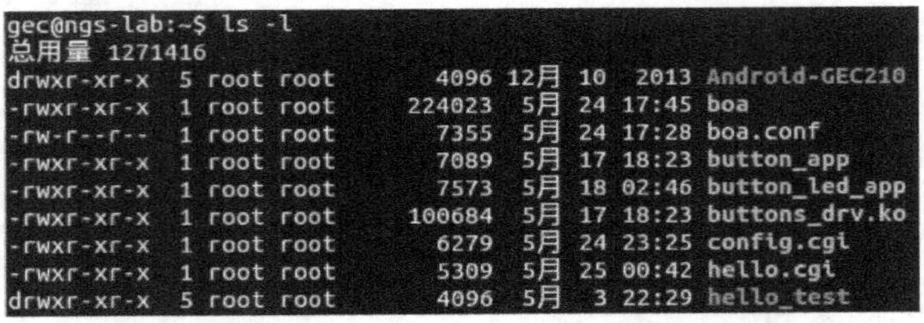

```
gec@ngs-lab:~$ ls -l
总用量 1271416
drwxr-xr-x  5 root root      4096 12月 10  2013 Android-GEC210
-rwxr-xr-x  1 root root    224023  5月 24 17:45 boa
-rw-r--r--  1 root root      7355  5月 24 17:28 boa.conf
-rwxr-xr-x  1 root root      7089  5月 17 18:23 button_app
-rwxr-xr-x  1 root root      7573  5月 18 02:46 button_led_app
-rwxr-xr-x  1 root root    100684  5月 17 18:23 buttons_drv.ko
-rwxr-xr-x  1 root root      6279  5月 24 23:25 config.cgi
-rwxr-xr-x  1 root root      5309  5月 25 00:42 hello.cgi
drwxr-xr-x  5 root root      4096  5月  3 22:29 hello_test
```

图 3.1　命令 ls －l 操作结果图

可见，图 3.1 中每一行表示某一文件或目录的信息，其中每一行的第一组共有 10 列，分为四类。

第一类是文件类型：由第一列表示。

若第一列是“d”则是目录。

若第一列是“－”则是文件，如图中的第 5 行。

若第一列是“l”则表示为链接文件（Link File）。

若第一列是“b”则表示为块设备文件。

若第一列是“c”则表示为字符设备文件。

第二类、第三类、第四类依次为文件拥有者的权限（2～4 列）、同组的权限（5～7 列）、其他用户的权限（8～10 列）。

Linux 系统中的每个文件和目录都有 3 种不同的用户：文件主（user）、同组用户（group）、可以访问系统的其他用户（others）。不同的用户都有相应访问权限，用它确定用户可以通过何种方式对文件和目录进行访问和操作。访问权限规定 3 种不同用户访问文件或目录的方式：读（r）、写（w）、可执行或查找（x）。

3.1.2　Linux 文件系统

文件系统是操作系统用于确定磁盘或分区上的文件的方法和数据结构，即在磁盘上组织文件的方法，也指用于存储文件的磁盘或分区，或文件系统种类。在 Linux 系统中，每个分区都是一个文件系统，都有自己的目录层次结构。Linux 系统最重要特征之一就是支持多种文件系统，这样它更加灵活，并可以和许多其他操作系统共享。

随着 Linux 系统的不断发展，Linux 系统内核可以支持几十种文件系统类型：JFS、ReiserFS、ext、ext2、ext3、XFS、Minx、MSDOS、UMSDOS、VFAT、NTFS、HPFS、NFS、SMB、SysV、PROC 等。

Linux 系统最常用的几种文件系统，如表 3.2 所示。

表 3.2　Linux 系统最常用的文件系统表

文件系统类型	描述
exts	exts 是现在 Linux 常见的文件系统，它是 ext2 的升级版本。ext3 中采用了日志式的管理机制，它使文件系统具有很强的快速恢复能力
Swap	Swap 文件系统是 Linux 中作为交换分区使用的。在安装 Linux 时，必须建立交换分区，其文件系统类型就是 Swap，其大小一般是实际物理内存的两倍
VFAT	Linux 中也支持 DOS 中所采用的 FAT 文件系统（包括 FAT12、FAT16、FAT32），在 Linux 中 FAT 文件系统都称为 VFAT 文件系统。
NFS	NFS 文件系统是指网络文件系统，这种文件系统是 Linux 的特性之一。它可以很方便地在局域网内实现文件共享，并且使多台主机共享同一主机上的文件系统。NFS 文件系统访问速度快，稳定性高，已经得到了广泛的使用。尤其在嵌入式领域，使用 NFS 文件系统可以很方便地实现文件本地修改，而免去了一次次读写 Flash，从而损坏 Flash

3.1.3　Linux 目录

Linux 的目录为树形结构，有一个在文件系统中唯一的"根"，即"/"。如前所述，目录也是一种文件，是具有目录属性的文件。当系统建立一个目录时，还会在这个目录下自动建立两个目录文件，一个是"."，代表当前目录，另一个是".."，代表当前目录的父目录。对于根目录，"."和".."都代表其自己。

详细的目录介绍如表 3.3 所示。

表 3.3　Linux 文件系统目录

目录	作用
/bin	存放系统需要哪些命令，如 ls、cp、mkdir 等命令；功能和"/usr/bin"类似，这个目录中的文件都是可执行的
/boot	这是 Linux 系统启动时所需要的文件目录，文件目录下存放有 initrd.img 等文件，grub 系统引导管理器也位于这个目录
/dev	设备文件存储目录，如磁盘、光驱
/etc	存放系统配置文件的目录，一些服务器的配置文件也在这里，如用户账号及密码配置文件。当系统启动时，需要读取其参数进行相应的配置
/home	默认存放目录
/lib	存放库文件的目录，目录中存放有系统动态链接共享库
/sbin	该目录存放 root 用户的常用系统命令，普通用户无权限执行这个目录下的命令
/tmp	临时文件目录，有时用户运行程序时，会产生临时文件就放在此目录下
/usr	这是系统存放程序的目录，如命令、帮助文件等。当安装一个 Linux 发行版官方提供的软件包时，大多安装在这里
/usr/bin	普通用户可执行文件目录
/usr/sbin	超级权限用户 root 可执行命令存放目录
/usr/src	内核源代码默认的放置目录
/var	这个目录的内容是经常变动的。"/var"下有"/var/log"，这是用来存放系统日志的目录
/media	本目录是空的，是用于挂载的
/srv	一些服务需要访问的文件存放在这
/sys	系统的核心文件

续表

目录	作用
/lost/found	系统异常信息存放目录
/misc	存放从 DOS 下进行安装的实用工具
/root	超级用户登录的主目录

3.2 Linux 常用命令

Linux 是一款高可靠性、高性能的操作平台，而其所有优越性只有在用户直接使用 Linux 命令行（shell 环境）进行时才能够充分体现出来。

Linux 命令行的功能非常齐全且相对强大，这主要得益于 Linux 丰富的命令，一个 Ret Hat Linux 的普通安装就拥有数千条命令，且支持用户自定义的命令。本节只对一些常用的 Linux 命令进行介绍。

3.2.1 文件相关命令

Linux 中常用的文件相关命令分为文件管理和文件处理两部分，常用命令如表 3.4 所示。

表 3.4 文件相关命令表

类型	命令	说明	格式
文件管理	pwd	显示当前路径	pwd
	ls	显示当前路径下的内容	ls
	mkdir	创建目录	mkdir [选项] 目录名
	rmdir	删除目录	rmdir [目录名]
	cd	切换工作目录	cd ［目录]
	touch	修改文件访问时间或修改时间	Touch [选项] [文件名]
	mv	重命名或移动文件	mv ［选项] 源文件名目标文件名
	cp	复制文件	cp [选项] 源文件目标文件
	rm	删除文件	rm ［选项] [文件名]
文件处理	find	查找文件	find [文件名] [条件]
	file	显示文件类型	file 文件名
	du	显示文件或目录容量	du [选项] [文件名]
	chmod	修改文件访问权限	chmod [选项] 权限字串文件名
	grep	抽取并列出包含文本的行	grep [选项] 文本 [文件名]

（1）pwd：显示用户所在的位置。

例如，显示用户所在的位置。

```
[root@Localhost root]# pwd
/root
```

在 Linux 文本环境中，对于命令前的"[root@Localhost root]#"，其中"root"表示登录用户名，"Localhost"代表计算机名，而"Localhost"后边表示的是用户当前目录，最后的字符为命令提示符。Linux 操作系统默认是使用普通用户账号登录系统，默认的命令提示符为"$"，如果使用 root 即超级用户账号登录系统后，则默认的命令提示符为"#"。

（2）ls：用来显示用户当前或指定目录的内容。

选项参数：

-a：显示所有文件及目录。

-l：除文件目录名称外，也将其权限、拥有者、大小等内容详细列出。

-r：将文件、目录以相反次序显示（原定依英文字母次序）。

-t：将文件依建立时间之先后次序列出。

-A：同-a，但不列出"."（当前目录）及".."（父目录）。

-F：在列出的文件或目录名称后加一符号，如可执行文件则加"*"，目录则加"/"。

例如，输出根目录下文件或目录的详细信息。

```
root@Localhost root:~# ls -l
/总用量 84
drwxr-xr-x      2    root root   4096  2007-05-19 05:00
bindrwxr-xr-x   3    root root   4096  2007-05-19 05:45
bootlrwxrwxrwx  1    root root     11  2007-05-19 04:26  cdrom -> media/cdrom
drwxr-xr-x     12    root root  13720  2007-07-20 23:55  dev
```

（3）mkdir：创建目录。

例如，在当前目录下建立新目录 dir1。

```
[root@Localhost root] # mkdir dir1
```

例如，若当前目录下无 book 目录，在当前目录创建"book/Linux"子目录。

```
[root@Localhost root] # mkdir  book/Linux
: 无法创建目录'book/Linux': No such file or directory
[root@Localhost root] #  mkdir -p  book/Linux
[root@Localhost root] # ls
book  jenod
```

一次创建多层目录要加"-p"参数。

（4）rmdir：删除目录。

与创建目录类似，加上"-p"参数表示如果删除一个目录后，其父目录为空，则将其父目录一同删除。

例如，删除目录。

```
[root@Localhost root] #  rmdir  dir1
```

例如，删除当前目录下的"book/Linux"子目录，如果 book 目录为空，也删除该目录。

```
[root@Localhost root] #  rmdir  -p  book/Linux
```

book 目录不为空则保留。

（5）cd：用来改变工作目录。

在使用 cd 进入某个目录时，用户必须具有对该目录的读权限。

例如，改变当前所处的目录，如用户当前处于"/root"目录，想进入"/etc"目录。

```
[root@Localhost root] # cd  /etc
[root@Localhost root etc]  # pwd
/etc
```

例如，返回上级目录。

```
[root@Localhost root] # cd  ..
[root@Localhost root /] # pwd
```

/

例如，回到用户主目录。

```
[root@Localhost root /] # cd ~
[root@Localhost root] # pwd
/root
```

在 Linux 系统中，"~"表示为登录主目录，"."表示目前所在的目录，".."表示目前目录位置的上一层目录。对于"root"用户的主目录是"/root"，其他一般用户的主目录默认在"/home"下，例如，对于"student"用户，默认主目录为"/home/student"。

（6）touch：生成一个空文件或修改文件的存取/修改的时间记录值。

例如，将当前下的文件时间修改为系统的当前时间。

```
[root@Localhost root] # touch *
[root@Localhost root] # ls
```

例如，新建文件。

```
[root@Localhost root] # touch test
[root@Localhost root] # ls
-rw-r--r-- 1 root root    0 2007-07-13 18:10 test
```

注：若文件存在，则修改为系统的当前时间；若文件不存在，则生成一个为当前时间的空文件。

例如，将 test 文件的日期改为 20150710。

```
[root@Localhost root] # touch -d 20150710 test
[root@Localhost root] # ls
-rw-r--r-- 1 jenod jenod    0 2015-07-10 00:00 test
```

（7）mv：移动文件。

可以将文件及目录移到另一目录下，或更改文件及目录的名称。

例如，将 test 文件移到上层目录。

```
[root@Localhost root] # mv test ../
```

例如，将"profile"改名为"profile.back"。

```
[root@Localhost root] # mv profile profile1.back
```

（8）cp：复制文件或目录。

例如，复制文件"/etc/profile"到当前目录。

```
[root@Localhost root] # cp /etc/profile ./
```

例如，复制"/etc/apt"目录下所有的内容，包括所有子目录，到当前目录。

```
[root@Localhost root] # cp -R /etc/apt ./
```

例如，使用通配符，复制 etc 目录下 mail 开头的所有文件到当前目录。

```
[root@Localhost root] # cp /etc/mail* ./
```

（9）rm：删除文件和目录。

例如，删除文件主目录下 file1 文件。

```
[root@Localhost root] # rm file1
```

例如，删除文件主目录下 file2 文件时给以提示。

```
[root@Localhost root] # rm -i file2
: 是否删除一般文件"file2"？
```

例如，递归删除目录。

```
[root@Localhost root] # rm -r apt
```

例如，强制递归删除目录。

```
[root@Localhost root] # rm -rf apt
```

不给提示直接删除 apt 目录下的文件与 apt 目录。

（10）find：在硬盘上查找文件。

find 是 Linux 功能最为强大，使用也较为复杂的命令。

find 命令格式：

```
find [<路径>] [匹配条件]
```

路径：希望查询文件或文件集的目录列表，目录间用空格分隔。

匹配条件：希望查询的文件的匹配标准或说明。

例如，从根目录开始查找文件名为 passwd 的文件。

```
root@Localhost root:~# find / -name passwd
/etc/pam.d/passwd
/etc/passwd
/var/cache/system-tools-backends/backup/2/etc/passwd
……
```

（11）file：显示文件类型。

例如，检查"file.c"、"file"、"/dev/had"三个文件的文件类型。

```
root@Localhost root:~# file file.c file /dev/hda
file.c: C program text
file: ELF 32-bit LSB executable, Intel 80386, version 1, dynamically linked, not stripped
/dev/hda: block special
```

例如，检查文件类型，不输出文件名。

```
root@Localhost root:~# file -b test/
directory
```

（12）du：查看目录或文件容量。

例如，列出"/etc"目录下与文件所占容量。

```
[root@Localhost root] # du / etc
```

例如，以 m 为单位列出"/home"目录下与文件所占容量。

```
[root@Localhost root] # du -m / etc
```

例如，仅仅列出"/etc"目录容量。

```
[root@Localhost root] # du -s / etc
```

（13）chmod：改变或设置文件或目录的访问权限。

① 使用字符方式设定权限。

用户字符表示：文件或目录 9 个属性分别属于文件主、组用户、其他用户这 3 类用户。在设定权限时可以对 3 类，用户采用如下方式表示。

u（user）：表示文件的所有者。

g（group）：表示文件的所属组。

o（others）：表示其他用户。

a（all）：代表所有用户（即 u+g+o）。

权限字符表示：r 表示读权限；w 表示写权限；x 表示执行权限。

最后要指明是增加（+）还是取消（-）权限，或是只赋予权限（=）。

例如，将文件 profile 的权限改为所有用户对其都有执行权限。

```
root@localhost:~# ls -l profile
-rw-r--r-- 1 root root 369 2007-07-14 01:50 profile
root@localhost:~# chmod a+x profile
root@localhost:~# ls -l profile
-rwxr-xr-x 1 root root 369 2007-07-14 01:50 profile
```

执行命令"chmod a+x profile"后所有用户相应的权限位都添加了"x"，profile 文件具有执行权限了。

例如，将文件 profile 的权限重新设置为文件主可以读和执行，组用户可以执行，其他用户无权访问。

```
root@localhost:~# ls -l profile
-rwxr-xr-x 1 root root 369 2007-07-14 01:50 profile
root@localhost:~# chmod u=rx,g=x,o= profile
root@localhost:~# ls -l profile
-r-x--x--- 1 root root 369 2007-07-14 01:50 profile
```

其他用户无权访问要加上"o="，否则其他用户属性不变。

例如，将文件 profile 的权限重新设置为只有文件主可以读和执行。

```
root@localhost:~# chmod g-x profile
root@localhost:~# ls -l profile
-r-x------ 1 root root 369 2007-07-14 01:50 profile
```

去掉组用户的读权限，使用"g-x"即可。

② 使用数字方式设定权限。

由于 3 类用户的这 9 个属性是每三个一组的，可以使用数字来代表各个属性，各属性的对照表如下：

```
r: 4  w: 2  x: 1
```

同类用户权限组合可以是数字相加的。例如，文件主的权限为"rwx"，用数字表示为 7（4+2+1）；组用户为"r-x"，用数字表示为 5（4+1）。

例如，将文件 profile 的权限重新设置为文件主与组用户可以读写，其他用户只读。

```
root@localhost:~# chmod 664 profile
root@localhost:~# ls -l profile
-rw-rw-r-- 1 root root 369 2007-07-14 01:50 profile
```

以上等同于命令：

```
chmod u=rw, g=rw, o=r profile
```

例如，将目录 class 及其下面的所有子目录和文件的权限改为所有用户对其都有读、写权限。

```
root@localhost:~# chmod -R a+rw class
```

对于目录，要同时设置子目录的权限应加参数"-R"。

（14）grep：在文件中查找指定的字串。

例如，搜索 profile 文件中字符串 then 并输出。

```
[root@Localhost root] # grep then /etc/profile
```

例如，搜索 profile 文件中字符串 then 并以显示行数输出。

```
[root@Localhost root] # grep -n then /etc/profile
7:if ! echo $PATH | /bin/egrep -q "(^|:)$1($|:)" ; then
```

```
 8:if [ "$2" = "after" ] ; then
17:if [ `id -u` = 0 ]; then
37:if [ -z "$INPUTRC" -a ! -f "$HOME/.inputrc" ]; then
44:if [ -r "$i" ]; then
```

显示说明在"/etc/profile"文件的 7、8、17、37、44 行包含 then 字符串。

3.2.2 系统相关命令

Linux 系统命令分为系统信息查询、进程管理和用户管理 3 个部分，常见命令及名称、格式如表 3.5 所示。

表 3.5 常用 Linux 系统命令

类型	命令	说明	格式
系统信息查询	uname	显示当前操作系统名称	uname [选项]
	hostname	用于显示或设置系统的主机名称	hostname [选项]
	date	显示和设置日历	date [选项] [日期]
	dmesg	显示开机信息	dmesg [选项]
进程管理	top	显示当前系统状态信息	top [选项]
	ps	显示进程状态	ps [选项] [进程号]
	kill	终止进程	kill [选项] 进程号
用户管理	who	显示登录到系统的所有用户	who
	useradd	添加用户	useradd [选项] 用户名
	userdel	删除用户	userdel [选项] 用户名
	su	用户切换	su [选项] 用户名
	passwd	设置用户密码	passwd [用户名]
	groupadd	添加用户组	groupadd [选项] 用户组名
	groupdel	删除用户组	groupdel [选项] 用户组名
环境变量	echo	将字符串标准输出	echo [选项] 字符串
	export	设置或显示环境变量	export [选项] [变量名称]=[变量设置值]
	env	显示当前用户的环境变量	env [选项] [-] [变量名=值] [命令[参数]]
	set	显示当前 shell 的环境变量	set [选项]…

（1）uname：显示当前操作系统名称。

例如，显示当前操作系统名称，并打印出所有系统相关信息：

```
[root@Localhost root] # uname -a
Linux Localhost 2.6.9-8.9.ELsmp #1 SMP Mon Apr 20 10:34:33 EDT 2015
I686 i686 i386 GUN/Linux
```

（2）hostname：显示或设置系统的主机名称。

选项参数：-n：显示主机在网络结点上的名称。

-o：显示操作系统类型。

-r：显示内核发行版本。

-s：显示内核名称。

（3）date：可以显示/修改当前的日期时间。

例如，显示系统当前时间。

```
[root@Localhost root] # date
```

例如，将时间更改为"12月10日10点23分2010年"。

```
[root@Localhost root] # date 121010232010
```

（4）dmesg：显示开机信息。例如：

```
[root@Localhost root] # dmesg
Linux version 2.6.9-89.ELsmp
……
```

（5）ps：显示进程状态。例如：

```
[root@Localhost root] # ps -ef
UID     PID    PPID   C    STIME   TTY     TIME       CMD
root    1      0      0    Jun24   ?       00:00:03   init[5]
root    2      0      0    Jun24   ?       00:00:00   [migration/0]
…
root    31630  19508  89   10:53   pts/2   00:00:05   ./deadLoop
…
```

（6）kill：终止进程。根据前一个例子的显示结果，想要结束"root   31630   19508   89 10:53 pts/2   00:00:05   ./deadLoop"这一进程。执行以上命令后，再使用"ps -ef"查看进程状态，可以发现该进程已经消失，即已被结束。

（7）who：查看系统中登录的用户。

例如，查看用户自己的信息。

```
[root@Localhost root] # who -m
```

例如，显示登录的用户名和数量。

```
[root@Localhost root] # who -q
root student
users=2
```

（8）useradd：添加用户账号。

只有超级用户 root 才有权使用此命令，使用 useradd 命令创建新的用户账号后，应利用 passwd 命令为新用户设置口令。一个类似的命令是 adduser，也用来创建用户账号。

例如，添加 student1 用户。

```
root@localhost:~# useradd student1
```

查看用户添加结果。

```
root@localhost:~#cat /etc/passwd
root:x:0:0:root:/root:/bin/bash
  ⋮
studnet1:x:1001:1001:student1,,,:/home/ student1 :/bin/sh
```

用户 student1 添加成功，同时发现，使用"useradd"命令添加用户同时添加了许多默认其他设置，如用户主目录、Shell 版本等。

（9）userdel：删除用户账号。

若不再允许用户登录系统时，可以将用户账号删除。

例如，只删除 student 2 登录账号但保留相关目录。

```
root@localhost:~# userdel  student2
```

只删掉"/etc/passwd"和"/etc/shadow"与用户 student2 有关的内容，其他的用户相关信息，如用户主目录等保留，方便以后再次添加这个用户。其实更好的方法是使用命令暂停用户登录或者让该账号无法使用，但是所有与该账号相关的数据都会留下来。

例如，完全删除 student1 登录账号。

```
root@localhost:~# userdel -r student1
```

删除账号的同时，将用户主目录及其内部文件同时删除。

（10）su：改变用户身份。

su 意思是"substitute users（代替用户）"，在使用某个用户登录系统后，允许改变用户身份，改用其他用户身份继续使用系统。

例如，root 用户到 student 用户。

```
[root@Localhost root] # su student
[student@Localhost root]$
```

例如，student 用户到 root 用户。

```
[student@Localhost root]$ su root
Password:
[root@Localhost root] #
```

为了安全，变换到 root 用户时要输入 root 用户密码。

（11）passwd：修改用户属性。

添加完用户后首要文件是修改用户密码。

例如，root 修改用户 student1 的密码属性。

```
root@localhost:~# passwd student1
Enter new password:
Retype new password: passwd
```

已成功修改用户的密码需要两次输入密码确认。密码是保证系统安全的一个重要措施，在设置密码时，不要使用过于简单的密码。

3.2.3 网络相关命令

Linux 中常见的网络相关命令如表 3.6 所示，本书将选取其中使用较频繁的命令进行讲解。

表 3.6 网络相关命令表

命令	说明	格式
ifconfig	显示或设置网络设备	ifconfig [网络设备] [选项] …
ping	检测主机	ping [选项] 主机名或 IP

（1）ifconfig：显示或设置网络设备。

例如，查看当前系统的 IP 地址，设置当前系统 IP 地址为"192.168.0.101"，设置完成后查看是否更改成功。

```
[root@Localhost /]# ifconfig
eth0    Link encap:Ethernet  HWaddr 08:90:00:A0:02:10
        inet addr:192.168.1.103  Bcast:192.168.0.255  Mask:255.255.255.0
        inet6 addr: fe80::a90:ff:fea0:210/64 Scope:Link
…
[root@ Localhost /]# ifconfig eth0 192.168.0.103
[root@ Localhost /]# ifconfig
```

```
eth0      Link encap:Ethernet    HWaddr 08:90:00:A0:02:10
          inet addr:192.168.0.103  Bcast:192.168.1.255  Mask:255.255.255.0
          inet6 addr: fe80::a90:ff:fea0:210/64 Scope:Link
...
```

值得注意的是：本机的网络接口名是"eth0"。设置网络 IP 地址时，必须指定网络接口名。

（2）ping：检测主机与其他设备网络是否连接成功。

例如，检查目标机与宿主机网络连接是否成功。

```
[root@ Localhost /]# ping 192.168.0.102
PING 192.168.0.102 (192.168.0.102): 56 data bytes
64 bytes from 192.168.0.102: seq=0 ttl=64 time=0.600 ms
64 bytes from 192.168.0.102: seq=1 ttl=64 time=18.176 ms
^C
--- 192.168.0.102 ping statistics ---
2 packets transmitted, 2 packets received, 0% packet loss
round-trip min/avg/max = 0.600/9.388/18.176 ms
[root@ Localhost /]#
```

本例中向 IP 为 192.168.0.102 的宿主机发起两次检测信号，并显示宿主机的响应时长。值得注意的是：本地主机应与宿主机在同一网段，从上一个例子中"ifconfig"命令所显示的本地主机 IP 地址更改为"192.168.0.103"，可知本地主机与宿主机处在同一网段中。

3.2.4 压缩打包相关命令

Linux 中常见的压缩打包相关命令如表 3.7 所示，本书将选取其中使用较频繁的命令进行讲解。

表 3.7 压缩打包相关命令

命令	说明	格式
tar	打包备份文件	tar [选项]…[文件]…
bzip2	bz2 文件格式压缩或解压	bzip2 [选项] [文件名]
bunzip2	bz2 文件格式解压	bunzip2 [选项] 文件名
gzip	gz 文件格式压缩	gzip [选项] [文件名]
gunzip	gz 文件格式解压	gunzip [选项] [文件名]
unzip	zip 文件格式（由 WinZip 压缩）解压	unzip [选项] 文件名
compress	早期的压缩解压（后缀名为.z）	compress [选项] 文件名

tar：打包命令。

tar 是 Linux 常用的压缩与解压缩类命令，更多是用于硬盘数据备份，tar 可以对文件和目录进行打包。利用 tar，用户可以对某一特定文件进行打包（一般用做备份文件），也可以在包中改变文件，或者向包中加入新的文件。

例如，将"/home"目录下所有文件打包成"test.tar"。

```
[root@Localhost root] # tar -cvf test.tar /home/*
```

注意：扩展名.tar 需自行加上。

例如，将所有文件打包成 test.tar，再用 gzip 命令压缩。

```
[root@Localhost root] # tar -zcvf test.tar.gz /tmp/*
```

例如，查看 test.tar 文件中包括了哪些文件。
```
[root@Localhost root] # tar -tf  test.tar
```
例如，将 text.tar 解压缩。
```
[root@Localhost root] # tar -xvf  test.tar
```
例如，将 text.tar.gz 解压缩。
```
[root@Localhost root] # tar -zxvf test.tar.gz
```

3.2.5 其他命令

Linux 中一些常见的其他命令如表 3.8 所示。

表 3.8 其他命令

命令	说明	格式
clear	清屏	clear
cat	显示文本文件内容	cat [选项] 文件名
mount	挂载	mount [选项] 设备或结点目标目录
man	显示命令手册	man [领域代号] 命令名

（1）clear：清屏。

例如，对屏幕刷新并清空。
```
[root@Localhost root] # clear
```
（2）cat：合并文件或者显示文件的内容。

cat 是"concatenate"的缩写，即合并文件。该命令可以显示文件的内容，或者是将多个文件合并成一个文件。

例如，使用 cat 阅读短文。
```
[root@Localhost root] # cat /etc/profile
```
例如，建立两个文件并重定向到 file1 与 file2。

重定向就是使系统改变它所认定的标准输出，或者改变标准输出的目标。要重定向标准输出，使用 ">" 符号。把 ">" 符号放在 cat 命令之后（或在任何写入标准输出的工具程序和应用程序之后），会把它的输出重定向到跟在符号之后的文件中。
```
[root@Localhost root] # cat > file1 hello , student!
```
按 Ctrl+D 组合键结束输入。
```
[root@Localhost root] # cat > file2 This is great
```
按 Ctrl+D 组合键结束输入。

例如，追加 file2 文件到 file1。
```
[root@Localhost root] # cat  file2 >> file1
[root@Localhost root] # cat  file1
hello , student!This is great
```
例如，合并 file2 与 file1 文件到 file3。
```
[root@Localhost root] # cat  file2 file1 > file3
[root@Localhost root] # cat file3
This is great
hello , student!
This is great
```

按 Ctrl+D 组合键结束输入。

（3）mount：挂载。

Linux 对磁盘的管理相当于对文件系统的管理。可以在需要使用硬盘时才进行硬盘挂载，这一般是通过命名 mount 来手动管理的。mount 是用来挂载文件系统的，而 umount 的作用刚好相反，是用来手动卸载文件系统的。

例如，挂载 U 盘，设备结点为"/dev/sda1"。

```
[root@Localhost root]# mount -t vfat /dev/sda1 /mnt
```

例如，挂载 nfs，宿主机的 IP 地址是 192.168.0.101。

```
[root@Localhost root]# mount -t nfs -o nolock 192.168.0.101:/home/ngs /mnt
```

（4）man：获得命令帮助。

要想查看某个命令的使用手册页（man page），只要输入 man 后跟该命令的名称即可。

例如，查看 ls 的使用手册。

```
[root@Localhost root]# man ls
```

使用 man 命令，首先进入 man page 环境，要退出 man page 帮助直接按 Q 键。

例如，查看 man 自己的使用手册。

```
[root@Localhost root]# man man
```

3.3　vi 编辑器的使用

Linux 下的编辑器就如 Windows 下的 Word、记事本等一样，完成对所录入文字的编辑功能。Linux 中最常用的编辑器 vi（vim），功能强大，使用方便，广受编程爱好者的喜爱。

Linux 系统提供了一个完整的编辑器家族系列，如 Ed、Ex、vi 和 Emacs 等。按功能它们可以分为两大类：行编辑器（Ed、Ex）和全屏幕编辑器（vi、Emacs）。行编辑器每次只能对一行进行操作，使用起来很不方便。而全屏幕编辑器可以对整个屏幕进行编辑，用户编辑的文件直接显示在屏幕上，从而克服了行编辑的那种不直观的操作方式，便于用户学习和使用，具有强大的功能。

vi 是 Linux 系统的第一个全屏幕交互式编辑程序，它从诞生至今一直得到广大用户的青睐，历经数十年仍然是人们主要使用的文本编辑工具，由此可见其生命力之强，而强大的生命力是其强大的功能带来的。由于大多数读者在此之前都已经用惯了 Windows 的 Word 等编辑器，因此在刚刚接触时总会或多或少不适应，但只要习惯之后，就能感受到它的方便与快捷。

3.3.1　vi 编辑器的模式

vi 有 3 种模式，分别为命令行模式、插入模式与底行模式，下面具体介绍各模式的功能。

1．命令行模式

用户在用 vi 编辑文件时，最初进入的是命令行模式。该模式用于输入命令，在该模式中可以通过上下移动光标进行"删除字符"或"整行删除"等操作，也可以进行"复制"、"粘贴"等操作，但无法编辑文字。

2. 插入模式

在命令行模式下，用户按 I 键可进入插入模式。在插入模式下，用户才能进行文字编辑输入，用户按 Esc 键可回到命令行模式。

3. 底行模式

在该模式下，光标位于屏幕的底行。用户可以进行文件保存或退出操作，也可以设置编辑环境，如寻找字符串、列出行号等。

3.3.2　vi 编辑器使用的基本流程

vi 编辑器使用的基本流程如下。

（1）进入 vi 编辑器，即在命令行下输入"vi hello（文件名）"，按 Enter 键。此时进入的是命令行模式，光标位于屏幕的上方，如图 3.2 所示。

```
[root@Localhost root] # vi  hello
```

图 3.2　进入 vi 命令行模式

（2）在命令行模式下输入"i"进入到插入模式，这时可以对文件 hello 编辑内容，如输入"#include <stdio.h>" 如图 3.3 所示。可以看出，在屏幕底部显示有"插入"，表示插入模式。

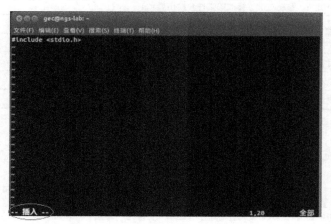

图 3.3　进入 vi 插入模式

（3）最后，在插入模式下，输入"Esc"，则当前模式转入命令行模式，并在底行中输入":wq"（存盘退出）进入底行模式，如图 3.4 所示。

图 3.4　进入 vi 底行模式

这样，就完成了一个简单的 vi 操作流程：命令行模式→插入模式→底行模式。由于 vi 在不同的模式下有不同的操作功能，因此读者一定要时刻注意屏幕最下方的提示，分清所在的模式。

3.3.3　vi 各模式的功能键

1．文件的保存和退出

命令行模式是 vi 或 vim 的默认模式，如果处于其他命令模式，要通过 Esc 键切换。当按 Esc 键后，接着再输入"："号时，vi 会在屏幕的最下方等待用户输入命令。vi 命令的底行模式如表 3.9 所示。

表 3.9　vi 底行模式功能键

目录	目录内容
:w	将编辑的文件保存到磁盘中
:q	退出 vi（系统对做过修改的文件会给出提示）
:q!	强制退出 vi（对修改过的文件不保存）
:wq	存盘后退出
:w　filename	另存为一个命名为 filename 的文件
:set　nu	显示行号，设定之后，会在每一行的前面显示对应行号
:set noun	取消行号

2．插入模式（文本的插入）

文本插入功能键如表 3.10 所示。

表 3.10　文本插入功能键

目录	目录内容
i	切换到插入模式，此时光标位于开始输入文件处
a	切换到插入模式，此时光标位于光标后一个字符处

目录	目录内容
I	切换到插入模式，此时光标位于光标所在的行的行首
A	切换到插入模式，此时光标位于光标所在的行的行末
o	在光标所在行的下面插入一行
O	在光标所在行的上面插入一行
s	删除光标后的一个字符，然后进入插入模式
S	删除光标所在的行，然后进入插入模式

3.4 gcc 编译器的使用

gcc（GNU Compiler Collection，GNU 编译器套件）是由 GNU 开发的编程语言编译器。它是以 GPL 许可证所发行的自由软件，也是 GNU 计划的关键部分。gcc 原本作为 GNU 操作系统的官方编译器，现已被大多数类 UNIX 操作系统（如 Linux、BSD、Mac OS X 等）采纳为标准的编译器，gcc 同样适用于微软的 Windows。gcc 是自由软件过程发展中的著名例子，由自由软件基金会以 GPL 协议发布。

gcc 原名为 GNU C 语言编译器（GNU C Compiler），因为它原本只能处理 C 语言。gcc 很快地扩展，变得可处理 C++。后来又扩展为能够支持更多编程语言，如 Fortran、Pascal、Objective-C、Java、Ada、Go 以及各类处理器架构上的汇编语言等，所以改名为 GNU 编译器套件（GNU Compiler Collection）。

表 3.11 所示是 gcc 支持编译源文件的后缀及其解释。

表 3.11　gcc 所支持后缀名解释

后缀名	所对应的语言	后缀名	所对应的语言
.c	C 原始程序	.s/.S	汇编语言原始程序
.C/.cc/.cxx	C++原始程序	.h	预处理文件（头文件）
.m	Objective-C 原始程序	.o	目标文件
.i	已经过预处理的 C 原始程序	.a/.so	编译后的库文件
.ii	已经过预处理的 C++原始程序		

3.4.1 gcc 编译流程

gcc 的编译流程分为 4 个步骤，下面具体来介绍 gcc 如何完成这 4 个步骤。

首先，有以下 hello.c 源代码。

```
#include <stdio.h>
int main()
{
    printf("Hello!This is our embedded world!\n" );
    return 0;
}
```

1. 预处理（Pre-Processing）

在该阶段，编译器将上述代码中的 stdio.h 编译进来，并且用户可以使用 gcc 的选项"-E"

进行查看，该选项的作用是让 gcc 在预处理结束后停止编译过程。

```
[root@Localhost gcc] # gcc -E hello.c -o hello.i
```

在此，选项"-o"是指目标文件，由表 3.11 可知，".i"文件为已经过预处理的 C 原始程序。预处理后，gcc 把 stdio.h 的内容插入到 hello.i 文件中。

2．编译（Compiling）

接下来进行的是编译阶段，在这个阶段中，gcc 首先要检查代码的规范性、是否有语法错误等，以确定代码实际要做的工作，在检查无误后，gcc 把代码翻译成汇编语言。用户可以使用"-S"选项来进行查看，该选项只进行编译而不进行汇编，生成汇编代码。

```
[root@Localhost gcc] # gcc -S hello.i -o hello.s
```

3．汇编（Assembling）

汇编阶段是把编译阶段生成的".s"文件转成".o"的目标文件，读者在此使用选项"-c"，就可看到汇编代码已转化为".o"的二进制目标代码了。

```
[root@Localhost gcc] # gcc -c hello.s -o hello.o
```

4．链接（Linking）

在成功编译之后，就进入了链接阶段。在这里涉及一个重要的概念：函数库。

重新查看这个小程序，在这个程序中并没有定义"printf"的函数实现，且在预编译中包含进的"stdio.h"中也只有该函数的声明，而没有定义函数的实现，那么，是在哪里实现"printf"函数的呢？答案是，系统把这些函数实现都被放到 libc.so.6 的库文件中了，在没有特别指定的情况下，gcc 会到系统默认的搜索路径"/usr/lib"下进行查找，即链接到 libc.so.6 库函数中，这样就能实现函数"printf"了。

函数库一般分为静态库和动态库两种。静态库是指编译链接时，把库文件的代码全部加入到可执行文件中，因此生成的文件比较大，但在运行时也就不再需要库文件了。其后缀名一般为".a"。动态库与之相反，在编译链接时并没有把库文件的代码加入到可执行文件中，而是在程序执行时由运行时链接文件加载库，这样可以节省系统的开销。动态库一般后缀名为".so"，如前面所述的 libc.so.6 就是动态库。gcc 在编译时默认使用动态库。完成了链接之后，gcc 就可以生成可执行文件了，如下所示。

```
[root@Localhost gcc] # gcc hello.o -o hello
```

运行该可执行文件，出现的结果如下。

```
[root@Localhost gcc] # ./hello
Hello!This is our embedded world!
```

注意：上面 gcc 编译流程的 4 个步骤可以采用以下命令一起完成：

```
[root@Localhost gcc] # gcc hello.c -o hello
```

或者：

```
[root@Localhost gcc] # gcc -o hello  hello.c
```

3.4.2 gcc 编译选项

gcc 有超过 100 个可用的选项，主要包括总体选项、警告和出错选项、优化选项和体系结构相关选项。下面对总体选项进行讲解。

gcc 的总体选项如表 3.12 所示，很多在前面的示例中已经有所涉及。

表 3.12 gcc 总体选项列表

后缀名	所对应的语言
-c	只编译不链接，生成目标文件 ".o"
-S	只编译不汇编，生成汇编代码
-E	只进行预编译，不做其他处理
-g	在可执行程序中包含标准调试信息
-o file	把输出文件输出到 file 中
-v	打印出编译器内部编译各过程的命令行信息和编译器的版本
-I dir	在头文件的搜索路径列表中添加 dir 目录
-L dir	在库文件的搜索路径列表中添加 dir 目录
-static	链接静态库

对于"-c"、"-E"、"-o"、"-S"选项，在前一小节中已经讲解了其使用方法，在此主要讲解另外两个非常常用的库依赖选项"-I dir"和"-L dir"。

1. "-I dir"选项

"-I dir"选项可以在头文件的搜索路径列表中添加 dir 目录。由于 Linux 中头文件都默认放到了"/usr/include"目录下，因此当用户要添加放置在其他位置的头文件时，就可以通过"-I dir"选项来指定，这样，gcc 就会到相应的位置查找对应的目录。例如，在"/home/ngs/test"下有两个文件 hello.c 和 my.h。

```
/*hello.c*/
#include <my.h>
int main( )
{
    printf("Hello!\n");
    return 0;
}

/*my.h*/
#include <stdio.h>
```

这样，就可在 gcc 命令行中加入"-I"选项：

```
[root@Localhost gcc] # gcc hello.c -I /home/ngs/test -o hello
```

这样，gcc 就能够执行出正确结果。

小知识：在 include 语句中，"<>"表示在标准路径中搜索头文件，而" " "表示在本目录中搜索。故在上例中，可把 hello.c 的"#include <my.h>"改为"#include " my.h " "，就不需要加上"-I"选项了。

2. "-L dir"选项

"-L dir"选项的功能与"-I dir"类似，能够在库文件的搜索路径列表中添加 dir 目录。例如，有程序 copy.c 需要用到目录"/home/ngs/gcc/lib"下的一个动态库 libsunq.so，则输入如下命令即可：

```
[root@Localhost gcc] # gcc copy.c -L /home/ngs/gcc/lib -lsung -o copy
```

需要注意的是，"-I dir"和"-L dir"都只是指定了路径，而没有指定文件，因此不能在路径中包含文件名。

另外值得详细解释一下的是"-L dir"选项，它指示 gcc 链接库文件 libsunq.so。由于在 Linux 下的库文件命名时有一个规定：必须以"1"、"i"、"b"这 3 个字母开头。因此在用"-l"选项指定链接的库文件名时可以省去"1"、"i"、"b"这 3 个字母。也就是说 gcc 在对"-lsung"进行处理时，会自动链接名为 libsunq.so 的文件。

3.5 gdb 调试器的使用

调试是所有程序员都会面临的问题。如何提高程序员的调试效率，更好更快地定位程序中的问题从而加快程序开发的进度，是大家共同面对的问题。就如读者熟知的 Windows 下的一些调试工具，如 VC 自带的设置断点、单步跟踪等，都受到了广大用户的赞赏。那么，在 Linux 下有什么很好的调试工具呢？

本文所介绍的 gdb 调试器是一款 GNU 开发、组织并发布的 UNIX/Linux 下的程序调试工具。虽然，它没有图形化的友好界面，但是它强大的功能也足以与微软的 VC 工具等媲美。

3.5.1 gdb 使用流程

这里给出了一个小的程序，带领读者熟悉一下 gdb 的使用流程。

首先，打开 Linux 下的编辑器 vi，编辑如下代码。

```c
/*test.c*/
#include <stdio.h>
int sum(int m);
int main()
{
    int i,n=0;
    sum(50);
    for(i=1; i<=50; i++)
    {
        n += i;
    }
    printf("The sum of 1-50 is %d \n", n );
}
int sum(int m)
{
    int i,n=0;
    for(i=1; i<=m;i++)
    n += i;
    printf("The sum of 1-m is %d\n", n);
}
```

在保存退出后首先使用 gcc 对 test.c 进行编译，注意一定要加上选项"-g"，这样编译出的可执行代码中才包含调试信息，否则之后 gdb 无法载入该可执行文件。

```
[root@localhost Gdb]# gcc -g test.c -o test
```

虽然这段程序没有错误，但调试完全正确的程序可以更加了解 gdb 的使用流程。接下来就启动 gdb 进行调试。注意，gdb 进行调试的是可执行文件，而不是如".c"的源代码，因此，需要先通过 gcc 编译生成可执行文件才能用 gdb 进行调试。

```
[root@localhost Gdb]# gdb test
GNU Gdb Red Hat Linux (6.3.0.0-1.21rh)
Copyright 2004 Free Software Foundation, Inc.
GDB is free software, covered by the GNU General Public License, and you are
welcome to change it and/or distribute copies of it under certain conditions.
Type "show copying" to see the conditions.
There is absolutely no warranty for GDB. Type "show warranty" for details.
This GDB was configured as "i386-redhat-linux-gnu"...Using host libthread_db
library "/lib/libthread_db.so.1".
(gdb)
```

可以看出，在 gdb 的启动画面中指出了 gdb 的版本号、使用的库文件等信息，接下来就进入了由"(gdb)"开头的命令行界面了。

1. 查看文件

在 gdb 中输入"l"（list）就可以查看所载入的文件，如下所示：

```
(gdb) l
1  #include <stdio.h>
2  int sum(int m);
3  int main()
4  {
5      int i,n=0;
6      sum(50);
7      for(i=1; i<=50; i++)
8      {
9      n += i;
10     }
(gdb) l
11     printf("The sum of 1~50 is %d \n", n );
12
13 }
14 int sum(int m)
15 {
16     int i,n=0;
17     for(i=1; i<=m;i++)
18     n += i;
19     printf("The sum of 1~m is = %d\n", n);
20 }
```

可以看出，gdb 列出的源代码中明确地给出了对应的行号，这样就可以大大地方便代码的定位。

注意：在 gdb 的命令中都可使用缩略形式的命令，如"l"代表"list"，"b"代表"breakpoint"，"p"代表"print"等，读者也可使用"help"命令查看帮助信息。

2. 设置断点

设置断点是调试程序中的一个非常重要的手段，它可以使程序到一定位置暂停它的运行。

因此，程序员在该位置处可以方便地查看变量的值、堆栈情况等，从而找出代码的症结所在。在 gdb 中设置断点非常简单，只需在"b"后加入对应的行号即可（这是最常用的方式，另外还有其他方式设置断点）。如下所示：

```
(gdb) b 6
Breakpoint 1 at 0x804846d: file test.c, line 6.
```

要注意的是，在 gdb 中利用行号设置断点是指代码运行到对应行之前将其停止，如上例中，代码运行到第 6 行之前暂停（并没有运行第 6 行）。

3．查看断点情况

在设置完断点之后，用户可以输入"info b"来查看设置断点情况，在 gdb 中可以设置多个断点。

```
(gdb) info b
Num Type      Disp Enb Address    What
1   breakpoint keep y  0x0804846d in main at test.c:6
```

4．运行代码

接下来就可运行代码了，gdb 默认从首行开始运行代码，输入"r"（run）即可（若想从程序中指定行开始运行，可在 r 后面加上行号）。

```
(gdb) r
Starting program: /root/workplace/gdb/test
Reading symbols from shared object read from target memory...done.
Loaded system supplied DSO at 0x5fb000
Breakpoint 1, main () at test.c:6
6       sum(50);
```

可以看到，程序运行到断点处就停止了。

5．查看变量值

在程序停止运行之后，程序员所要做的工作是查看断点处的相关变量值。在 gdb 中只需输入"p"＋变量值即可，如下所示：

```
(gdb) p n
$1 = 0
(gdb) p i
$2 = 134518440
```

在此处，为什么变量"i"的值为如此奇怪的一个数字呢？原因就在于程序是在断点设置的对应行之前停止的，那么在此时，并没有把"i"的数值赋为零，而只是一个随机的数字。但变量"n"是在第 5 行赋值的，故在此时已经为零。

小技巧：gdb 在显示变量值时都会在对应值之前加上"$N"标记，它是当前变量值的引用标记，所以以后若想再次引用此变量就可以直接写作"$N"，而无须写冗长的变量名。

6．单步运行

单步运行可以使用命令"n"（next）或"s"（step），它们之间的区别在于：若有函数调用的时候，"s"会进入该函数而"n"不会进入该函数。因此，"s"就类似于 VC 等工具中的"step in"，"n"类似于 VC 等工具中的"step over"。它们的使用如下所示：

```
(gdb) n
```

```
            The sum of 1-m is 1275
          7 for(i=1; i<=50; i++)
          (gdb) s
          s
          sum (m=50) at test.c:16
          16 int i,n=0;
```

可见，使用"n"后，程序显示函数 sum 的运行结果并向下执行，而使用"s"后则进入到 sum 函数之中单步运行。

7. 恢复程序运行

在查看完所需变量及堆栈情况后，就可以使用命令"c"（continue）恢复程序的正常运行了。这时，它会把剩余还未执行的程序执行完，并显示剩余程序中的执行结果。以下是之前使用"n"命令恢复后的执行结果：

```
          (gdb) c
          Continuing.
          The sum of 1-50 is :1275
          Program exited with code 031.
```

可以看出，程序在运行完后退出，之后程序处于"停止状态"。

小知识：在 gdb 中，程序的运行状态有"运行"、"暂停"和"停止"3 种，其中"暂停"状态为程序遇到了断点或观察点之类的，程序暂时停止运行，而此时函数的地址、函数参数、函数内的局部变量都会被压入"栈"（Stack）中。故在这种状态下可以查看函数的变量值等各种属性。但在函数处于"停止"状态之后，"栈"就会自动撤销，它也就无法查看各种信息了。

3.5.2 gdb 基本命令

gdb 的命令可以通过查看 help 进行查找，由于 gdb 的命令很多，因此 gdb 的 help 将其分成了很多种类（class），用户可以通过进一步查看相关 class 找到相应命令，如下所示：

```
          (gdb) help
          List of classes of commands:
          aliases -- Aliases of other commands
          breakpoints -- Making program stop at certain points
          data -- Examining data
          files -- Specifying and examining files
          internals -- Maintenance commands
          ...
          Type "help" followed by a class name for a list of commands in that class.
          Type "help" followed by command name for full documentation.
          Command name abbreviations are allowed if unambiguous.
```

上述列出了 gdb 各个分类的命令，注意底部部分说明其为分类命令。接下来可以具体查找各分类的命令，如下所示：

```
          (gdb) help data
          Examining data.
          List of commands:
          call -- Call a function in the program
          delete display -- Cancel some expressions to be displayed when program stops
          delete mem -- Delete memory region
```

```
disable display -- Disable some expressions to be displayed when program stops
Type "help" followed by command name for full documentation.
Command name abbreViations are allowed if unambiguous.
```

至此，若用户想要查找 call 命令，就可输入"help call"。

```
(gdb) help call
Call a function in the program.
The argument is the function name and arguments, in the notation of the
current working language. The result is printed and saved in the value
history, if it is not void.
```

当然，若用户已知命令名，直接输入"help [command]"也是可以的。

gdb 中的命令主要分为工作环境相关命令、设置断点与恢复命令、源码查看命令、查看运行数据相关命令及修改运行参数相关命令。以下就分别对这几类的命令进行讲解。

1. 工作环境相关命令

gdb 中不仅可以调试所运行的程序，而且还可以对程序相关的工作环境进行相应的设定，甚至还可以使用 shell 中的命令进行相关的操作，其功能极其强大。表 3.13 所示为 gdb 常见工作环境相关命令。

表 3.13 gdb 工作环境相关命令

命令格式	含义
set args 运行时的参数	指定运行时的参数，如 set args 2
show args	查看设置好的运行参数
path dir	设定程序的运行路径
show paths	查看程序的运行路径
set enVironment var [=value]	设置环境变量
show enVironment [var]	查看环境变量
cd dir	进入到 dir 目录，相当于 shell 中的 cd 命令
pwd	显示当前工作目录
shell command	运行 shell 的 command 命令

2. 设置断点与恢复命令

gdb 中设置断点与恢复的常见命令如表 3.14 所示。

表 3.14 gdb 设置断点与恢复相关命令

命令格式	含义
info b	查看所设断点
break 行号或函数名<条件表达式>	设置断点
tbreak 行号或函数名<条件表达式>	设置临时断点，到达后被自动删除
delete [断点号]	删除指定断点，其断点号为"info b"中的第一栏。若默认断点号则删除所有断点
disable [断点号]	停止指定断点，使用"info b"仍能查看此断点
enable [断点号]	激活指定断点，即激活被 disable 停止的断点
condition [断点号]<条件表达式>	修改对应断点的条件

续表

命令格式	含义
ignore [断点号]<num>	在程序执行中，忽略对应断点 num 次
step	单步恢复程序运行，且进入函数调用
next	单步恢复程序运行，但不进入函数调用
finish	运行程序，直到当前函数完成返回
c	继续执行函数，直到函数结束或遇到新的断点

由于设置断点在 gdb 的调试中非常重要，因此在此再着重讲解一下 gdb 中设置断点的方法。gdb 中设置断点有多种方式：其一是按行设置断点，设置方法在前面已经指出，在此就不重复了。另外还可以设置函数断点和条件断点，在此结合上一小节的代码，具体介绍后两种设置断点的方法。

（1）函数断点。gdb 中按函数设置断点只需把函数名列在命令"b"之后，如下所示：

```
(gdb) b sum
Breakpoint 1 at 0x80484ba: file test.c, line 16.
(gdb) info b
Num Type Disp Enb Address What
1 breakpoint keep y 0x080484ba in sum at test.c:16
```

要注意的是，此时的断点实际是在函数的定义处，也就是在 16 行处（注意第 16 行还未执行）。

（2）条件断点。gdb 中设置条件断点的格式为：

```
b 行数或函数名 if 表达式
```

具体实例如下所示：

```
(gdb) b 8 if i==10
Breakpoint 1 at 0x804848c: file test.c, line 8.
(gdb) info b
Num Type Disp Enb Address What
1 breakpoint keep y 0x0804848c in main at test.c:8
        stop only if i == 10
(gdb) r
Starting program: /home/yul/test
The sum of 1-m is 1275
Breakpoint 1, main () at test.c:9
9       n += i;
(gdb) p i
$1 = 10
```

可以看到，该例中在第 8 行（也就是运行完第 7 行的 for 循环）设置了一个"i==0"的条件断点，在程序运行之后可以看出，程序确实在 i 为 10 的时候暂停运行。

3. gdb 中源码查看相关命令

在 gdb 中可以查看源码以方便其他操作，它的常见相关命令如表 3.15 所示。

表 3.15 gdb 源码查看相关命令

命令格式	含义
list <行号>|<函数名>	查看指定位置代码
file [文件名]	加载指定文件
forward-search 正则表达式	源代码前向搜索
reverse-search 正则表达式	源代码后向搜索
dir dir	停止路径名
show directories	显示定义了的源文件搜索路径
info line	显示加载到 gdb 内存中的代码

4．gdb 中查看运行数据相关命令

gdb 中查看运行数据是指当程序处于"运行"或"暂停"状态时，可以查看的变量及表达式的信息，其常见命令如表 3.16 所示。

表 3.16 gdb 查看运行数据相关命令

命令格式	含义
print 表达式|变量	查看程序运行时对应表达式和变量的值
x <n/f/u>	查看内存变量内容。其中 n 为整数表示显示内存的长度，f 表示显示的格式，u 表示从当前地址往后请求显示的字节数
display 表达式	设定在单步运行或其他情况中，自动显示的对应表达式的内容

5．gdb 中修改运行参数相关命令

gdb 还可以修改运行时的参数，并使该变量按照用户当前输入的值继续运行。它的设置方法为：在单步执行的过程中，输入命令"set 变量=设定值"。这样，在此之后，程序就会按照该设定的值运行了。笔者结合上一节的代码将 n 的初始值设为 4，其代码如下。

```
(gdb) b 7
Breakpoint 5 at 0x804847a: file test.c, line 7.
(gdb) r
Starting program: /home/yul/test
The sum of 1-m is 1275
Breakpoint 5, main () at test.c:7
7 for(i=1; i<=50; i++)
(gdb) set n=4
(gdb) c
Continuing.
The sum of 1-50 is 1279
Program exited with code 031.
```

可以看到，最后的运行结果确实比之前的值大了 4。

使用 gdb 需要注意以下几点。

（1）在gcc编译选项中一定要加入"-g"。
（2）只有在代码处于"运行"或"暂停"状态时才能查看变量值。
（3）设置断点后程序在指定行之前停止。

3.6 arm-linux-gcc 交叉编译器的使用

在 2.7.1 节论述过：交叉编译是在一种平台上编译出能在另一种平台（体系结构不同）上运行的程序。在 PC 平台（X86 CPU）上编译出能运行在 ARM 平台上的程序，编译得到的程序在 X86 CPU 平台上是不能运行的，必须放到 ARM 平台上才能运行。用来编译这种程序的编译器就称为交叉编译器。

为了不跟本地编译器（如 gcc）混淆，交叉编译器的名字一般都有前缀，如 arm-linux-gcc。

```
[root@localhost root]# gcc hello.c -o hello_pc
```

上面用 gcc 编译器编译 hello.c 源程序，生成可以在 X86 的 CPU 上运行的二进制可执行程序 hello_pc。

```
[root@localhost root]# arm-linux-gcc hello.c -o hello_arm
```

上面用 arm-linux-gcc 交叉编译器，生成可以在 ARM 的 CPU 平台上运行的二进制可执行程序 hello_arm。

3.7 make 工程管理器与 makefile 文件

所谓工程管理器，是指管理工程的工具。假如面对是一个上百个文件的代码构成的项目，假如其中几个文件进行了修改，按照之前所学的 gcc 编译工具，就不得不把项目内所有的文件重新编译一遍，因为编译器并不知道哪些文件是最近更新的，但那些没有改动的源代码根本不需要重新编译，而只需把它们重新链接进去即可，所以人们就希望有这样一款能够自动识别更新的文件代码并管理项目的软件，因此 make 工程管理器也就应运而生了。

make 工程管理器是个"自动编译管理器"，这里的"自动"是指它能够根据文件时间戳自动发现更新过的文件而减少编译的工作量，同时，它通过读入 makefile 文件的内容来自动执行大量的编译工作。用户只需编写一次简单的编译语句就可以。这不仅提高了工作效率，而且便于管理。

除了最简单的小项目，make 对于其他所有项目而言都是必要的。make 可以通过把一些复杂而难记的命令行保存在 makefile 文件中来解决重新编译的复杂性，make 还能减少重复编译所需要的时间，因为它很聪明，能够判断哪些文件被修改过，进而只重新编译程序被修改过的部分。

例如，有一个主程序为 main.c，需要使用到 A.c 和 B.c 的程序，因此在编译时就要执行如下命令才能产生可执行的二进制程序 main。

```
gcc -c main.c（生成main.o目标文件）
gcc -c A.c（生成A.o目标文件）
gcc -c B.c （生成B.o目标文件）
gcc -o main main.o A.o B.o
```

最后根据 main.o、A.o、B.o 这 3 个目标文件，才能生成 main 可执行二进制程序，如图 3.5 所示。

但是当在执行程序时发现程序执行的结果有问题是由于 A.c 程序源代码有错误，此时就要修改 A.c 程序代码后再执行图 3.5 的编译过程，由于 main.c 及 B.c 程序并没有错误，且在第一次执行编译时已经有目标文件 main.o 和 B.o 产生了，为了提高编译效率，GNU gcc 提供了自动化编译工具 make，其功能就是在执行编译时，只针对修改的部分进行编译，没修改的程序部分不做编译，编译过程如图 3.6 所示，这对大型嵌入式系统应用开发特别重要。

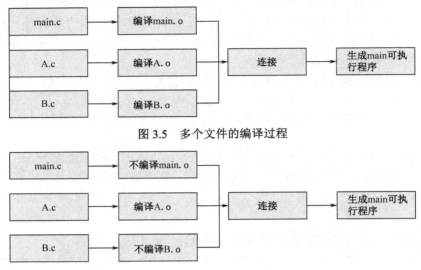

图 3.5　多个文件的编译过程

图 3.6　make 编译工具

3.7.1　了解 makefile 文档

make 是怎样完成这些神奇的工作呢？它是通过 makefile 文档做到的。makefile 是一个文本形式的数据库文件，其中包含一些规则，它告诉 make 编译哪些文件、怎样编译以及在什么条件下去编译，甚至于进行更复杂的功能操作，因为 makefile 就像一个 shell 脚本一样。make 在执行时就会找到 makefile 文件，会自动根据修改情况完成源文件对应.o 文件的更新、库文件的更新和最终可执行程序的更新。对于不需要重建的文件，make 什么也不做。

3.7.2　编写 makefile

1．makefile 的格式

既然 make 工程管理器的一切行为都依据 makefile，所以编写好 makefile 是至关重要的。一个简单的 makefile 格式是：

```
target… : dependency [dependency […] ]
          COMMAND
          COMMAND
          […]
```

target：目标体。即 make 最终需要创建的东西。另外，目标也可以是一个 make 执行的动作名称，如目标"clean"，可以称这样的目标是"伪目标"，在后面会讲到。

dependency：依赖体。依赖体通常是编译目标体要依赖的一个或多个其他文件。

COMMAND：命令。为了从指定的依赖体创建出目标体所需执行的 shell 命令。

一个规则可以有多个命令行，每一条命令占一行。注意：每一个命令的第一个字符必须是制表符（Tab），如果使用空格会产生问题，make 会在执行过程中显示 Missing Separator（缺少分隔符）并停止。

target 是需要创建的二进制文件或目标文件。dependency 是在创建 target 时需要输入一个或多个文件的列表。命令序列是创建 target 文件所需要的步骤，如编译命令。此外，除非特别指定，否则 make 的工作目录就是当前目录。

2．实例

【例3.1】有以下 hello.c 源代码和 hello.h 头文件，代码都在不同的两个文件中，编写 makefile 文件，使用 make 工程管理器对它们进行编译。

hello.c 源代码：
```
/*hello.c*/
#include "hello.h"
int main()
{
    printf("Hello!This is our embedded world!\n");
    return 0;
}
```

hello.h 头文件：
```
#include <stdio.h>
```

步骤一：使用 vim 编辑器编写 hello.c 源代码和 hello.h 头文件，内容如上面所示。注意：vim 编辑器的使用与 vi 编辑器一样。
```
[root@ localhost:/mnt/hgfs/share/Makefile_exec1]#vim  hello.c
[root@ localhost:/mnt/hgfs/share/Makefile_exec1]#vim  hello.h
```

步骤二：编写 makefile 文件。

目标体：hello。

依赖文件：hello.c hello.h。

执行的命令：gcc hello.c -o hello。

目标体：clean。

依赖文件：（无任何依赖文件）。

执行的命令：rm hello。

那么，对应的 makefile 文件就可以写成如图 3.7 所示。

使用 vim 编辑器编写 makefile 文件，makefile 文件的内容如图 3.5 所示。

图 3.7 makefile 文件

```
[root@ localhost:/mnt/hgfs/share/Makefile_exec1]#vim  makefile
```

步骤三：使用 make 命令。

格式：
```
make target
```
或者：
```
make
```

这样 make 就会自动读入 makefile 并执行对应 target 的 command 语句，并会找到相应的依赖文件：
```
[root@ localhost:/mnt/hgfs/share/Makefile_exec1]# make hello
gcc  hello.c -o hello
```

```
[root@ localhost:/mnt/hgfs/share/Makefile_exec1]# ls
hello  hello.c  hello.h  Makefile
[root@ localhost:/mnt/hgfs/share/Makefile_exec1]# make clean
rm -rf hello
[root@ localhost:/mnt/hgfs/share/Makefile_exec1]# ls
hello.c  hello.h  Makefile
```

可以看到，makefile 执行了"hello"对应的命令语句，并生成了"hello"目标体。执行"clean"对应的命令时，删除了 hello 文件。注意：在 makefile 中的每一个 command 前必须有制表符，否则在运行 make 命令时会出错。

【例 3.2】有一个主程序（main.c）可输入两个整数 a 和 b，其中主程序会执行一个求两整数和的函数 add( )后输出其和，然后再执行一个求两整数差的函数 sub( )后输出其差，add( )和 sub( )这两个函数分别定义在 add.c 和 sub.c 的文件中，这两个函数的声明是定义在 main.h 的头文件中，其程序源代码分别如下所述。

主程序 main.c 源代码

```c
/*main.c*/
#include<stdio.h>
#include<stdlib.h>
#include"main.h"
int main()
{
    int a,b,c,d;
    printf("Please input two parms:");
    scanf("%d%d",&a,&b);
    c=add(a,b);
    printf("the sum result is %d\n",c);
    d=sub(a,b);
    printf("the dif result is %d\n",d);
    return 0;
}
```

头文件 main.h 中包含求两整数和及差的原型声明，其程序源代码如下所述。

```c
/*main.h*/
int add(int,int);
int sub(int,int);
```

求两整数和的函数 add( )，定义在 add.c 程序中，其程序源代码如下所述。

```c
/*add.c*/
int add(int a,int b)
{
    int s;
    s=a+b;
    return(s);
}
```

求两整数差的函数 sub( )，定义在 sub.c 程序中，其程序源代码如下所述。

```c
/*sub.c*/
int sub(int c,int d)
```

```
{
    int dif;
    dif=c-d;
    return(dif);
}
```

方法一：手动编译，并运行最后生成的可执行二进制程序 main。

```
[root@ localhost:/mnt/hgfs/share/Makefile_exec]#gcc -c main.c
[root@ localhost:/mnt/hgfs/share/Makefile_exec]#gcc -c add.c
[root@localhost:/home/ngs]#gcc -c sub.c
[root@localhost:/home/ngs]#gcc -o main main.o add.o sub.o
[root@localhost:/home/ngs]#ls
add.c  add.o  main  main.c  main.h  main.o  sub.c  sub.o
[root@localhost:/home/ngs]#./main
Please input two parms: 30
10
the sum result is 40
the dif result is 20
[root@localhost:/home/ngs]
```

方法二：通过 make 自动化编译工具。

（1）编辑 makefile 文件，其内容如图 3.8 所示。

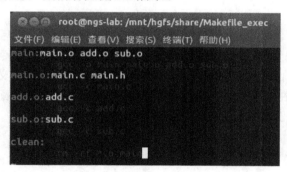

图 3.8　makefile 文件内容

（2）若当前目录中存在目标文件（如 add.o、sub.o、main.o），则先执行 make clean 命令，把目标文件删掉，再执行 make 命令。如屏幕中输出如下指令：

```
[root@ localhost:/mnt/hgfs/share/Makefile_exec2]# ls
add.c  add.o  main  main.c  main.h  main.o  makefile  sub.c  sub.o
[root@ localhost:/mnt/hgfs/share/Makefile_exec2]# make clean
rm -rf *.o
[root@ localhost:/mnt/hgfs/share/Makefile_exec2]# ls
add.c  main  main.c  main.h  makefile  sub.c
[root@ localhost:/mnt/hgfs/share/Makefile_exec2]# make
gcc -c main.c
gcc -c add.c
gcc -c sub.c
gcc -o main main.o add.o sub.o
[root@ localhost:/mnt/hgfs/share/Makefile_exec2]# ls
```

```
add.c  add.o  main  main.c  main.h  main.o  makefile  sub.c  sub.o
[root@ localhost:/mnt/hgfs/share/Makefile_exec2]# ./main
Please input two parms50
12
the sum result is 62
the dif result is 38
[root@ localhost:/mnt/hgfs/share/Makefile_exec2]#
```

3.7.3 makefile 的五部分

通过两个实例大概了解一下 makefile 文件,那么从形式上来看,makefile 文件通常由五部分组成:伪目标、变量、隐式规则、模式规则和注释。下面具体来了解一下这五部分。

1. 伪目标

除了一般的文件目标体外如上述两个例子,make 也允许指定伪目标。称其为伪目标是因为它们并不对应于实际的文件。如上述两个例子中最后一个目标体 clean 就是伪目标。伪目标规定了 make 应该执行的命令。但是,因为 clean 没有依赖体,所以它的命令不会被自动执行。下面解释 make 是如何工作的:当遇到目标体 clean 时,make 先查看其是否有依赖体,因为 clean 没有依赖体,所以 make 认为目标体是最新的而不执行任何操作。为了编译这个目标体,必须输入"make clean"命令。在例 3.1 中,clean 删除了 hello 文件;在例 3.2 中,clean 删除了所有目标文件。

但如果恰巧有一个名为 clean 的文件存在,make 就会发现它。然后和前面一样,因为 clean 没有依赖体文件,make 就认为这个文件是最新的而不会执行相关命令。为了处理此类情况,需要使用特殊的 make 目标体.PHONY。.PHONY 的依赖体文件的含义和普通的文件一样,但是 make 不检查是否存在有文件名和依赖体中的一个目标体名字相匹配的文件,而是直接执行与之相关的命令。如例 3.1 中 makefile 文件可以改为:

```
hello: hello.c hello.h
    gcc hello.c -o hello
.PHONY: clean
clean:
    rm -rf hello
```

2. 变量

make 允许在 makefile 中创建和使用变量,这大大提高了效率。所谓的变量其实是用指定文本串在 makefile 中定义的一个名字,这个变量的值即文本串内容。下面是定义变量的一般方法,称为自定义变量。

```
VARNAME=some_test [...]
```

把变量用括号括起来,并在前面加上"$"符号,就可以引用变量的值,例如:

```
$(VARNAME)
```

VARNAME 的功能是替换,变量一般都在 makefile 的头部定义,并按照惯例,所有的 makefile 变量都应该使用大写。有点类似于 C 语言常量的用法。现在使用变量来修改例 3.2 的 makefile 文件,如图 3.9 所示。

OBJS 和 CC 在被引用的每个地方被展开。编译时也是如此。变量是在 makefile 中定义的名字，用来代替一个文本字符串，该文本字符串称为该变量的值。在具体要求下，这些值可以替代目标体、依赖文件、命令及 makefile 文件中其他部分。

make 使用两种变量：递归展开变量和简单展开变量。递归展开变量在引用时逐层展开，即如果在展开式中包含了对其他变量的引用，则这些变量也将被展开，直到没有需要展开的变量为止，这就是递归展开。

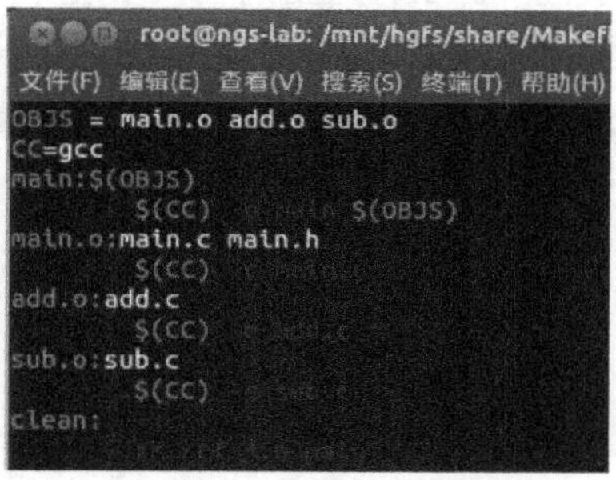

图 3.9 使用自定义变量修改的 makefile 文件

假设变量 TOPDIR 和 SRCDIR 如下定义：
```
TOPDIR = /home/C/makefile/
SRCDIR = $(TOPDIR)src
```
这样，SRCDIR 的值是/home/C/makefile/src，则工作正常。但是考虑下面的变量定义：
```
CC = gcc
CC = $(CC) -o
```
我们想得到的结果是"CC=gcc -o"。但是实际并非如此；CC 在被引用时递归展开，从而陷入一个无限循环中，幸运的是，make 能够检测到这个问题并报告错误：

`make: *** 没有规则可以创建目标 "CC"。停止。`

而简单展开变量则不同，它只在变量定义处展开，并且只展开一次，从而消除了变量的嵌套引用。在定义时，其语法与递归展开变量有细微的不同：
```
CC := gcc -o
CC += -O2
```
第一个定义使用":="设置 CC 的值为 gcc －o，第二个定义使用"+="在前面定义的 CC 后附加了-O2 选项，从而 CC 最终的值是 gcc －o －O2。很多时候需要使用简单展开变量来避免出现意想不到的问题。

除自定义变量外，make 也允许使用环境变量、自动变量和预定义变量。使用环境变量非常简单。在启动时，make 读取已定义的环境变量，并且创建与之同名同值的变量。但是，如果 makefile 中有同名的变量，则这个变量将覆盖环境变量。系统给出的自动变量如表 3.17 所示。

表 3.17 makefile 自动变量表

变量	说明
$@	目标文件的完整名称
$*	不包含扩展名的目标文件名称
$+	所有的依赖文件，以空格分开，并以出现的先后为序，可能包含重复的依赖文件
$%	如果目标是归档成员，则该变量表示目标的归档成员名称
$<	第一个依赖文件的名称
$^	所有不重复的依赖文件，以空格为分隔符
$?	所有时间戳比目标文件晚的依赖文件，以空格为分隔符
$(@D)	目标文件的目录部分（如果目标在子目录中）
$(@F)	目标文件的文件名部分（如果目标在子目录中）

除了表 3.17 列出的自动变量外，make 还预定义了许多其他变量，用于定义程序名或给这些程序传递标志和参数。这些预定义的变量包含了常见编译器、汇编器的名称及其编译选项。表 3.18 给出了一些常用的预定义变量。

表 3.18　makefile 常用预定义变量

变量	说明
AR	库文件维护程序的名称，默认值为 ar
AS	汇编程序的名称，默认值为 as
CC	C 编译器的名称，默认值为 cc
CPP	C 预编译器的名称，默认值为$(CC) -E
CXX	C++编译器的名称，默认值为 g++
RM	文件删除程序的名称，默认值为 rm －f
ARFLAGS	库文件维护程序的选项，无默认值
ASFLAGS	汇编程序的选项，无默认值
CFLAGS	C 编译器的选项，无默认值
CPPFLAGS	C 预编译的选项，无默认值
CXXFLAGS	C++编译器的选项，无默认值

现在使用自动变量来修改例 3.2 的 makefile 文件，如图 3.10 所示。

3．隐式规则

上面实例已经提到过隐式规则，或称为预定义规则。这些规则都有特殊目的，所以在这里只介绍几种最常用的隐式规则。隐式规则简化了 makefile 的编写和维护。

现在使用隐式规则来修改例 3.2 的 makefile 文件，如图 3.11 所示。

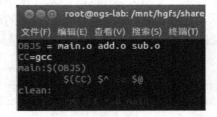

图 3.10　使用自动变量修改的 makefile 文件　　图 3.11　使用隐式规则修改的 makefile 文件

为什么可以省略后三句呢？因为 make 的隐式规则指出：所有.o 文件都可自动由.c 文件使用命令"$(CC) $(CPPFLAGS) $(CFLAGS) －c file.c －o file.o"生成，也可写成"$(CC) $(CPPFLAGS) $(CFLAGS) －c file.c"，即后面的"-o file.o"可省略。这样，main.o、add.o 和 sub.o 就会分别调用"$(CC) -c main.c－o main.o"、"$(CC) -c add.c－o add.o"和"$(CC) -c sub.c－o sub.o"生成。

表 3.19 所示为常见的隐式规则目录。

表 3.19　makefile 中常见隐式规则

对应语言后缀名	规则
C 编译：.c 变为.o	$(CC) –c $(CPPFLAGS) $(CFLAGS)
C++编译：.cc 或.C 变为.o	$(CXX) -c $(CPPFLAGS) $(CXXFLAGS)
Pascal 编译：.p 变为.o	$(PC) -c $(PFLAGS)
Fortran 编译：.r 变为-o	$(FC) -c $(FFLAGS)

4．模式规则

模式规则提供了扩展 make 的隐式规则的一种方法，它的目标必须含有符号"%"，这个符号可以与任何非空字符串匹配：为与目标中的"%"匹配，这个规则的相关文件部分也必须使用"%"。例如，下面的规则：

```
%.o : %.c
```

告诉 make 所有形如.o 的目标文件都应从源文件.c 编译而来。例如：

```
%.o : %.c
        $(CC) -c $(CFLASS) $(CPPFLAGS) $< -o $@
```

每次使用该规则，该规则用自动变量"$<"和"$@"来代替第一个依赖体和目标体。现在使用模式规则来修改例 3.2 的 makefile 文件，如图 3.12 所示。

5．注释

makefile 文件中只有行注释，类似 Linux 的 shell 脚本一样，其注释用"#"字符，这个就像 C 语言中的"//"，如果要在 makefile 文件中使用"#"字符，可以使用"\"进行转义。

图 3.12　使用模式规则修改的 makefile 文件

3.7.4　make 管理器的使用

使用 make 管理器非常简单，只需在 make 命令的后面输入目标名即可建立指定的目标，如果直接运行 make，则建立 makefile 中的第一个目标。

同 gcc 一样，make 也有丰富的命令行选项。表 3.20 列出了最常用的部分命令。

表 3.20　常用的 make 命令行选项

选项	说明
-f file	指定 makefile 的文件名
-n	打印将需要执行的命令，但实际上并不执行这些命令
-Idir	指定被包含的 makefile 所在的目录
-s	在执行时不打印命令名
-w	如果 make 在执行时改变目录，打印当前目录名
-Wfile	如果文件已修改，则使用-n 来显示 make 将要执行的命令
-r	禁止使用所有 make 的内置规则
-d	打印调试信息
-i	忽略 makefile 规则中的命令执行后返回的非零错误码，此时，即使某个命令返回非零的退出状态值，make 仍将继续执行
-k	如果某个目标编译失败，继续编译其他目标。通常，make 在一个目标编译失败后终止
-jN	每次运行 N 条命令，这里 N 是非零正整数

这里简单介绍一下"-f"参数，如果不想使用默认的 makefile 文件名，也可以用别名，这时就要加上"-f"参数，如 make-f make.my。

本章小结

本章的学习内容较多，若想把嵌入式技术学习好，本章的内容必须要掌握，Linux 的命令、vi 编辑器、gcc 编译器和 make 工程管理器，在后期的学习中都会用到。请读者多实践，只有不断地实践才能对这部分的知识深入理解。

项目操作篇

第 4 章 裸机开发

4.1 概述

对于功能比较简单的嵌入式产品，出于成本等原因的考虑，一般不需要安装嵌入式操作系统，在这种情况下进行应用程序的开发，即为裸机编程。裸机编程需直接面对硬件，对硬件进行操作。

裸机编程必须掌握以下知识和技能。

（1）电子电路基本知识，包括数字电路和模拟电路。
（2）Linux 操作系统知识及基本操作。
（3）C 语言编程技能。
（4）汇编语言编程技能。
（5）嵌入式开发环境搭建，包括硬件环境、交叉编译器安装以及串口、网络等的工具使用。
（6）ARM 体系结构及特殊功能寄存器。
（7）ARM 指令系统。

本章先学习嵌入式开发环境搭建、ARM 体系结构及特殊功能寄存器、ARM 指令系统，在此基础上，通过几个范例学习裸机编程方法。

其中，特殊功能寄存器的使用是学习裸机程序开发的关键。

4.2 建立 Linux 开发环境

开发裸机程序，一般都选用 ADS1.2 或者 MDK，但这些工具都是针对 ARM9 平台的，对于 Cortex-A8 就不支持了，所以选择在 Linux 下开发。

嵌入式软件开发的一个显著特点就是需要交叉开发环境（Cross Development Env）的支持，交叉编译器只是交叉开发环境的一部分。交叉开发环境是指编译、链接和调试嵌入式应用软件的环境，它与运行嵌入式应用软件的环境有所不同。

嵌入式系统通常是一个资源受限的系统，因此直接在嵌入式系统的硬件平台上编写软件比较困难，有时甚至是不可能的，解决办法通常都是采取交叉编译模式。

在 2.7 节介绍过交叉编译器，它能实现在 PC 平台（X86 CPU）上编译出能运行在 ARM 平台上的程序，编译得到的程序在 X86 CPU 平台上是不能运行的，在 ARM 平台上才能运行。例如，arm-linux-gcc，表示基于 Linux 和 ARM 平台的交叉编译器。

为实现上述开发模式，需要搭建宿主机－目标机硬件平台，如图 4.1 所示。在宿主机（一般为 PC）上完成代码编写和编译后，通过串口线进行命令或控制，目标代码通过网线下载到目标机上运行。在教学中，目标机就是各种开发平台或实验箱。在本书中用到的实验箱是外购的 ARM CortexTM-A8 的实验箱。

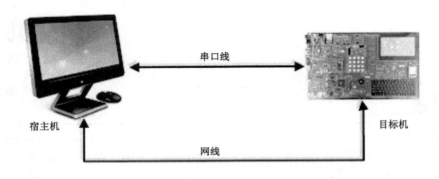

图 4.1　嵌入式软件开发的硬件环境

交叉编译环境所需工具主要包括：交叉编译器，如 arm-linux-gcc；交叉汇编器，如 arm-linux-as；交叉链接器，如 arm-linux-ld；各种操作所依赖的库；用于处理可执行程序和库的一些基本工具，如 arm-linux-strip，如图 4.2 所示。

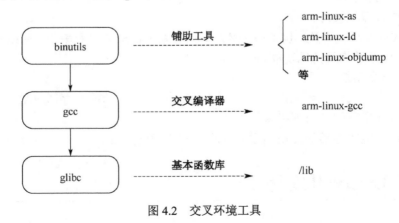

图 4.2　交叉环境工具

交叉环境工具的名称及作用，如表 4.1 所示。

表 4.1 交叉环境工具一览表

名称	归属	作用
arm-linux-as	binutils	编译 ARM 汇编程序
arm-linux-ar	binutils	把多个.o 合并成一个.o 或静态库（.a）
arm-linux-ranlib	binutils	为库文件建立索引，相当于 arm-linux-ar-s
arm-linux-ld	binutils	连接器（Linker），把多个.o 或库文件连接成一个可执行文件
arm-linux-objdump	binutils	查看目标文件（.o）和库（.a）的信息
arm-linux-objcopy	binutils	转换可执行文件的格式
arm-linux-strip	binutils	去掉 elf 可执行文件的信息，使可执行文件变小
arm-linux-readelf	binutils	读 elf 可执行文件的信息
arm-linux-gcc	gcc	编译.c 或.S 开头的 C 程序或汇编程序
arm-linux-g++	gcc	编译 C++程序

在使用交叉编译工具过程中，如出现工具使用异常（如提示未找到命令），可在操作系统中输入"$PATH"命令查询编译器路径配置情况，并根据需要配置交叉编译器的环境变量，参考 2.6 节。

根据需要，可对交叉编译工具如 arm-linux-gcc、arm-linux-objcopy、arm-linux-ld、arm-linux-objdump 等作链接处理，方法如下：

```
#cd /usr/local/arm/4.5.1/bin                                        //进入编译器路径
#ln -s arm-none-linux-gnueabi-objcopy  arm-linux-objcopy   //作链接
#ln -s arm-none-linux-gnueabi-ld  arm-linux-ld
#ln -s arm-none-linux-gnueabi-objdump  arm-linux-objdump
#ls -la                                                             //显示指向信息
```

4.3 S5PV210 介绍

4.3.1 S5PV210 简介

ARM 微处理器有 ARM7、ARM9、ARM10E、SecurCore、ARM11、Cortex-A8、Cortex-A9、Cortex-A15 等系列。本书采用的操作是基于 ARM CortexTM-A8 内核，微处理器芯片型号是 S5PV210。

S5PV210 芯片又名"蜂鸟"（Hummingbird），是三星推出的一款适用于智能手机和平板电脑等多媒体设备的应用处理器，主频可达 1GHz，64/32 位内部总线结构，32/32KB 的数据/指令一级缓存，512KB 的二级缓存，可以实现 2000DMIPS（每秒运算 2 亿条指令集）的高性能运算能力。包含很多强大的硬件编解码功能，内建 MFC(Multi Format Codec)，支持 MPEG-1/2/4、H.263、H.264 等格式视频的编解码，支持模拟/数字 TV 输出。JPEG 硬件编解码，最大支持 8000×8000 分辨率。内建高性能 PowerVR SGX540 3D 图形引擎和 2D 图形引擎，支持 2D/3D 图形加速，是第五代 PowerVR 产品，其多边形生成率为 2800 万多边形/秒，像素填充率可达 2.5 亿/秒，在 3D 和多媒体方面比以往大幅提升，能够支持 DX9、SM3.0、OpenGL2.0 等 PC 级别显示技术。具备 IVA3 硬件加速器，具备出色的图形解码性能，可以支持全高清、多标准的视频编码，流畅播放和录制 30 帧/秒的 1920×1080 像素（1080p）的视频文件，可以更快解码更高质量的图像和视频，同时，内建的 HDMI v1.3，可以将高清视频输出到外部显示器上。

S5PV210的存储控制器支持LPDDR1、LPDDR2和DDR2类型的RAM，Flash支持NandFlash、NorFlash、OneNand等，外围接口丰富，包括：4个UART接口；4-Timers with PWM；2路SPI；1路USB HOST；1路USB OTG；触摸屏液晶接口；数字视频输出接口；数字音频输出接口；VGA 接口；以太网接口；SD卡接口；Audio接口；HDMI高清数字接口。

S5PV210 芯片是 584 引脚的 FCFBGA 封装，引脚间距 0.65mm，体积为 17×17mm，其系统架构如图 4.3 所示。

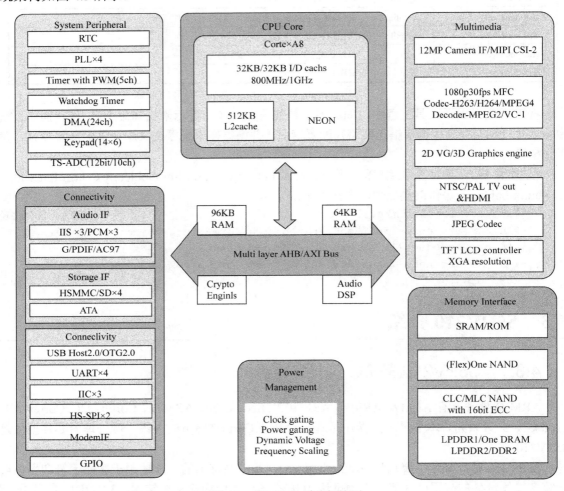

图 4.3 S5PV210 系统架构图

图 4.3 中主要模块英文备注：CPU Core（CPU 内核）、Power Management（电源管理）、Multimedia（多媒体）、System Peripheral（系统外设）、Connectivity（连通性）、Memory Interface（内存接口）、Multi layer AHB/AXI Bus（多层 AHB/AXI 总线）。

4.3.2 S5PV210 内存空间

S5PV210内存空间使用有特别规定，如表4.2所示，进一步了解可查阅该芯片的数据手册。

表 4.2 S5PV210 内存空间分布

地址范围（起止）		大小	用途描述
0x0000_0000	0x1FFF_FFFF	512MB	Boot area
0x2000_0000	0x3FFF_FFFF	512MB	DRAM 0
0x4000_0000	0x7FFF_FFFF	1024MB	DRAM 1
0x8000_0000	0x87FF_FFFF	128MB	SROM Bank 0
0x8800_0000	0x8FFF_FFFF	128MB	SROM Bank 1
0x9000_0000	0x97FF_FFFF	128MB	SROM Bank 2
0x9800_0000	0x9FFF_FFFF	128MB	SROM Bank 3
0xA000_0000	0xA7FF_FFFF	128MB	SROM Bank 4
0xA800_0000	0xAFFF_FFFF	128MB	SROM Bank 5
0xB000_0000	0xBFFF_FFFF	256MB	OneNAND/NAND Controller and SFR
0xC000_0000	0xCFFF_FFFF	256MB	MP3_SRAM output buffer
0xD000_0000	0xD000_FFFF	64KB	IROM
0xD001_0000	0xD001_FFFF	64KB	Reserved
0xD002_0000	0xD003_7FFF	96KB	IRAM
0xD800_0000	0xDFFF_FFFF	128MB	DMZ ROM
0xE000_0000	0xFFFF_FFFF	512MB	SFR region

4.3.3 S5PV210 特殊功能寄存器

正确使用芯片的特殊功能寄存器（SFR）是裸机程序开发的关键，S5PV210 I/O的特殊功能寄存器地址范围为0x0E000000～0xFFFFFFFF，通过对寄存器进行操作（读/写），实现对相关硬件功能进行配置及控制，具体功能及使用定义可查阅该芯片的数据手册。

S5PV210有多个通用I/O口（GPIO），每个I/O端口可定义为不同功能使用，通常可以用做输入口（input）、输出口（output）以及特殊功能口（如串口、中断信号）等，下面以端口GPA0为例。

端口GPA0有8个引脚，每个引脚的功能可以单独定义、单独使用。

控制寄存器GPA0CON（可读/写，地址=0xE020_0000）用于定义引脚的功能，可写入32位数据，写入不同数据，即定义引脚的不同功能。如表4.3所示，GPA0CON[n]中的n代表GPA0的第n个引脚，每4位数据定义一个引脚的功能，写入不同的数据，可定义为输入、输出、串口、中断等不同的功能。初始化状态32位数据都为0，各引脚均定义为输入功能。

表 4.3 GPA0CON 功能描述表

GPA0CON	数据位	功能描述	初始状态
GPA0CON[7]	[31:28]	0000=输入 0001=输出 0010=UART_1_RTSn 0011～1110=保留 1111=GPA0_INT[7]	0000
GPA0CON[6]	[27:24]	0000=输入 0001=输出 0010=UART_1_CTSn 0011～1110=保留 1111=GPA0_INT[6]	0000

续表

GPA0CON	数据位	功能描述	初始状态
GPA0CON[5]	[23:20]	0000=输入 0001=输出 0010=UART_1_TXD 0011~1110=保留 1111=GPA0_INT[5]	0000
GPA0CON[4]	[19:16]	0000=输入 0001=输出 0010=UART_1_RXD 0011~1110=保留 1111=GPA0_INT[4]	0000
GPA0CON[3]	[15:12]	0000=输入 0001=输出 0010=UART_0_RTSn 0011~1110=保留 1111=GPA0_INT[3]	0000
GPA0CON[2]	[11:8]	0000=输入 0001=输出 0010=UART_0_CTSn 0011~1110=保留 1111=GPA0_INT[2]	0000
GPA0CON[1]	[7:4]	0000=输入 0001=输出 0010=UART_0_TXD 0011~1110=保留 1111=GPA0_INT[1]	0000
GPA0CON[0]	[3:0]	0000=输入 0001=输出 0010=UART_0_RXD 0011~1110=保留 1111=GPA0_INT[0]	0000

数据寄存器 GPA0DAT（可读/写，地址=0xE020_0004）用于端口数据输入/输出，8 位数据与 GPA0 端口的 8 个引脚对应。如读取该寄存器，可获得端口 8 个引脚的数据；如向该寄存器写 8 位数据，这 8 位数据将出现在端口的 8 个引脚上。

上/下拉电阻寄存器 GPA0PUD（可读/写，地址=0xE020_0008）用于配置端口 8 个引脚上/下拉电阻，实现具体应用中外部电路与芯片引脚的匹配。如表 4.4 所示，GPA0PUD[n]中的 n 代表 GPA0 的第 n 个引脚，每 2 位数据配置一个引脚的上/下拉电阻，写入不同的数据，可配置为禁用、下拉、上拉等不同的功能。初始化状态 16 位数据为 0x5555，各引脚均配置下拉电阻。

表 4.4 GPA0PUD 功能描述表

GPA0PUD	数据位	功能描述	初始状态
GPA0PUD[n]	[2n+1:2n] n=0~7	00 = 上拉/下拉禁止 01 = 下拉允许 10 = 上拉允许 11 = 保留	0x5555

4.4 ARM 常用指令集

4.4.1 ARM 寻址方式

1．寄存器寻址

操作数的值在寄存器中，指令中的地址码字段指出的是寄存器编号，指令执行时直接取出寄存器值操作。例如：

```
MOV  R1, R2           ; R2->R1
SUB  R0, R1, R2       ; R1-R2 -> R0
```

2．立即寻址

立即寻址指令中的操作码字段后面的地址码部分就是操作数本身，也就是说，数据就包含在指令当中，取出指令就取出了可以立即使用的操作数。例如：

```
SUBS R0, R0, #1       ; R0-1 -> R0
MOV  R0, #0xff00      ; 0xff00 -> R0
```

注意：立即数要以"#"为前缀，表示十六进制数值时以"0x"表示。

3．寄存器偏移寻址

寄存器偏移寻址是 ARM 指令集特有的寻址方式，当第二个操作数是寄存器偏移方式时，第二个寄存器操作数在与第一个操作数结合之前选择进行移位操作。例如：

```
MOV  R0, R2, LSL #3      ; R2的值左移3位，结果存入R0，即R0 = R2 * 8。
ANDS R1, R1, R2, LSL R3  ; R2的值左移R3位，然后和R1相与操作，结果放入R1
```

寄存器偏移寻址可采用的移位操作如下。

LSL（Logical Shift Left）逻辑左移，寄存器中字的低端空出补0。

LSR（Logical Shift Right）逻辑右移，寄存器中字的高端空出补0。

ASR（Arthmetic Shift Right）算术右移，移位中保持符号位不变，即如果源操作数为正数，字高端空出补0，否则补1。

ROR（Rotate Right）循环右移，由字的低端移出的位填入高端空出的位。

RRX（Rotate Right eXtended by 1 place），操作数右移一位，左侧空位由CPSR的C填充。

4．寄存器间接寻址

寄存器间接寻址指令中的地址码给出的是一个通用寄存器的编号，所需要的操作数保存在寄存器指定地址的存储单元中，即寄存器为操作数的地址指针。例如：

```
LDR R1, [R2]          ; 将R2中的数值作为地址，取出此地址中的数据保存在R1中
SWP R1, R1, [R2]      ; 将R2中的数值作为地址，取出此地址中的数值与R1中的值交换
```

5．基址寻址

将基址寄存器的内容与指令中给出的偏移量相加，形成操作数的有效地址，基址寻址用于访问基址附近的存储单元，常用于查表、数组操作、功能部件寄存器访问等。例如：

```
LDR R2, [R3, #0x0F]   ; R3的数值加0x0F作为地址，取此地址的数据存入R2
STR R1, [R0, #-2]     ; R0中的数值减2作为地址，把R1中的数据存入此地址
```

6．多寄存器寻址

一次可以传送几个寄存器值，允许一条指令传送 16 个寄存器的任何子集或所有寄存器。

例如：
```
LDMIA R1!,{R2-R7,R12}    ;R1指向地址的数据读出到R2-R7,R12,R1自动更新
STMIA R0!,{R3-R6,R10}    ;R3-R6,R10中的数值保存到R0指向的地址,R0自动更新
```

7．堆栈寻址

堆栈是特定顺序进行存取的存储区，堆栈寻址时隐含地使用一个专门的寄存器（堆栈指针），指向一块存储区域（堆栈）。存储器堆栈可分为以下两种。

（1）向上生长：向高地址方向生长，称为递增堆栈。
（2）向下生长：向低地址方向生长，称为递减堆栈。
如此可结合出四种情况。

① 满递增：堆栈通过增大存储器的地址向上增长，堆栈指针指向内含有效数据项的最高地址，指令如 LDMFA、STMFA。

② 空递增：堆栈通过增大存储器的地址向上增长，堆栈指针指向堆栈上的第一个空位置，指令如 LDMEA、STMEA。

③ 满递减：堆栈通过减小存储器的地址向下增长，堆栈指针指向内含有效数据项的最低地址，指令如 LDMFD、STMFD。

④ 空递减：堆栈通过减小存储器的地址向下增长，堆栈指针指向堆栈下的第一个空位置，指令如 LDMED、STMED。

例如：
```
STMFD SP!,{R1-R7,LR}    ;将R1-R7,LR入栈,满递减堆栈
LDMFD SP!,{R1-R7,LR}    ;数据出栈,放入R1-R7,LR寄存器,满递减堆栈
```

8．块复制寻址

用于一块数据从存储器的某一位置复制到另一位置。例如：
```
STMIA R0!,{R1-R7}
;将R1-R7的数据保存到存储器中,存储器指针在保存第一个值之后增加,方向为向上增长
STMIB R0!,{R1-R7}
;将R1-R7的数据保存到存储器中,存储器指针在保存第一个值之前增加,方向为向上增长
SIMDA R0!,{R1-R7}
;将R1-R7的数据保存到存储器中,存储器指针在保存第一个值之后增加,方向为向下增长
STMDB R0!,{R1-R7}
;将R1-R7的数据保存到存储器中,存储器指针在保存第一个值之前增加,方向为向下增长
```

不论是向上还是向下递增，存储时高编号的寄存器放在高地址的内存，出来时，高地址的内容给编号高的寄存器。

9．相对寻址

相对寻址是基址寻址的一种变通，由程序计数器PC提供基准地址，指令中的地址码字段作为偏移量，两者相加后得到的地址即为操作数的有效地址。例如：
```
BL ROUTE1    ;调用到 ROUTE1 子程序
BEQ LOOP     ;条件跳转到 LOOP 标号处
```

4.4.2　ARM 指令集

ARM 指令集可以分为数据处理指令、数据加载和存储指令、分支指令、程序状态寄存器

（PSR）处理指令、协处理器指令和异常产生指令六大类。

指令格式为：

```
<opcode> {<cond>}{S}<Rd>, <Rn>, {<operand2>}
```

其中：

<>内的项是必需的，{}内的项是可选的。

opcode：指令助记符，如 LDR、STR 等。

cond：执行条件，如 EQ、NE 等。

S：影响 CPSR 寄存器的值，有 S 影响 CPSR，否则不影响。

Rd：目标寄存器。

Rn：第一个操作数的寄存器。

operand2：第二个操作数。

指令格式举例如下：

```
LDR R0, [R1]          ;读取R1地址上的存储器单元内容,执行条件AL(无条件执行)
BEQ DATAEVEN          ;跳转指令,执行条件EQ,即相等跳转到DATAEVEN
ADDS R1, R1, #1       ;加法指令,R1+1 => R1 影响CPSR寄存器,带有S
SUBNES R1, R1, #0xD   ;条件执行减法运算（NE）,R1-0xD => R1,影响CPSR
```

ARM 汇编条件码列表如表 4.5 所示。

表 4.5 ARM 汇编条件码列表

条件码助记符	标志	含义
EQ	Z=1	相等
NE	Z=0	不相等
CS/HS	C=1	无符号数大于或等于
CC/LO	C=0	无符号数小于
MI	N=1	负数
PL	N=0	正数
VS	V=1	溢出
VC	V=0	没有溢出
HI	C=1,Z=0	无符号数大于
LS	C=0,Z=1	无符号数小于或等于
GE	N=V	带符号数大于或等于
LT	N!=V	带符号数小于
GT	Z=0,N=V	带符号数大于
LE	Z=1,N!=V	带符号数小于或等于
AL		任何无条件执行（指令默认条件）

条件码应用举例如下。

（1）比较两个值大小，C 代码如下：

```
if(a>b) a++;
else b++;
```

写出相应的 ARM 指令，代码如下。

设 R0 为 a，R1 为 b，则：

```
CMP R0, R1            ;R0与R1比较
```

```
    ADDHI R0R0, #1      ; 若R0>R1，则R0=R0+1
    ADDLS R1, R1, #1    ; 若R0<=R1，则R1=R1+1
```
（2）若两个条件均成立，则将这两个数值相加，C 代码为：
```
    if((a!=10)&&(b!=20))  a=a+b;
```
对应的 ARM 指令为：
```
    CMP R0, #10         ; 比较R0是否为10
    CMPNE R1, #20       ; 若R0不为10，则比较R1是否为20
    ADDNE R0, R0, R1    ; 若R0不为10且R1不为20，则执行 R0 = R0+R1
```
（3）若两个条件有一个成立，则将这两个数值相加，C 代码为：
```
    if((a!=10)||(b!=20))  a=a+b;
```
对应的 ARM 指令为：
```
    CMP R0, #10
    CMPEQ R1, #20
    ADDNE R0, R0, R1
```

1. 数据加载和存储指令

数据加载和存储指令包含 LDR、STR、LDM、STM、SWP 指令。

（1）LDR/STR：加载/存储字和无符号字节指令，从寻址方式的地址计算方法分，加载/存储指令有以下 4 种形式。

零偏移：LDR Rd，[Rn]。

前索引偏移：LDR Rd,[Rn,#0x04]!，LDR Rd,[Rn,#-0x04] Rn 不允许为 R15。

程序相对偏移：LDR Rd,label，label 为程序标号，该形式不能使用后缀。

后索引偏移：LDR Rd,[Rn],#0x04，Rn 不允许是 R15。

指令举例如下：
```
    LDR R2,[R5]         ; 加载R5指定地址上的数据（字），放入R2中
    STR R1,[R0,#0x04]
    ; 将R1的数据存储到 R0+0x04存储单元，R0的值不变（若有!，则R0就要更新）
    LDRB R3,[R2],#1     ; 读取R2地址上的一字节数据并保存到R3中，R2=R2+1
    STRH R1,[R0,#2]!    ; 将R1的数据存入R0+2的地址中，只存储低2字节数据，R0=R0+2
```

（2）LDM 和 STM 是批量加载/存储指令，LDM 为加载多个寄存器，STM 为存储多个寄存器，主要用途是现场保护、数据复制、参数传递等，其模式有 8 种，前 4 种用于数据块的传输，后 4 种用于堆栈操作。

IA：每次传送后地址加 4。

IB：每次传送前地址加 4。

DA：每次传送后地址减 4。

DB：每次传送前地址减 4。

FD：满递减堆栈。

ED：空递减堆栈。

FA：满递增堆栈。

EA：空递增堆栈。

批量加载/存储指令举例如下：
```
    LDMIA R0!,{R3-R9}   ; 加载R0指向的地址上的多字数据，保存到R3-R9中，R0值更新
    STMIA R1!,{R3-49}   ; 将R3-R9的数据存储到R1指向的地址上，R1值更新
```

```
STMFD SP!,{R0-R7,LR}          ; 现场保存,将R0~R7、LR入栈
LDMFD SP!,{R0-R7,PC}^         ; 恢复现场,异常处理返回
```

使用 LDM/STM 进行数据复制:
```
LDR R0,=SrcData               ; 设置源数据地址,LDR此时作为伪指令加载地址要加 =
LDR R1,=DstData               ; 设置目标地址
LDMIA R0,{R2-R9}              ; 加载8字数据到寄存器R2 ~ R9
STMIA R1,{R2-R9}              ; 存储寄存器R2-R9到目标地址上
```

使用 LDM/STM 进行现场保护,常用在子程序或异常处理中:
```
STMFD SP!,{R0-R7,LR}          ; 寄存器入栈
……
BL DELAY                      ; 调用DELAY子程序
……
LDMFD SP!,{R0-R7,PC}          ; 恢复寄存器,并返回
```

(3) SWP 是寄存器和存储器交换指令,可使用 SWP 实现信号量操作。
```
12C_SEM EQU 0x40003000        ; EQU定义一个常量
12C_SEM_WAIT                  ; 标签
MOV R1,#0
LDR R0,=12C_SEM
SWP R1,R1,[R0]                ; 取出信号量,并设置为0
CMP R1,#0                     ; 判断是否有信号
BEQ 12C_SEM_WAIT              ; 若没有信号,则等待
```

2. 数据处理指令

ARM 数据处理指令包含数据传送指令、算术逻辑运算指令、比较指令、乘法指令。

(1) 数据传送指令:MOV MVN。
```
MOV   R1, R0                  ; 将寄存器R0的值传送到寄存器R1
MOV   PC, R14                 ; 将寄存器R14的值传送到PC,常用于子程序返回
MOV   R1, R0, LSL #3          ; 将寄存器R0的值左移3位后传送到R1
MOV   R0, #5                  ; 将立即数5传送到寄存器R0
MVN   R0, #0                  ; 将立即数0按位取反后传送到寄存器R0中,完成后R0 = -1
MVN   R1, R2                  ; 将R2按位取反后,结果存到R1
```

(2) ADC 指令:带进位加法指令,将操作数 2 的数据与 Rn 的值相加,再加上 CPSR 中 C 条件标志位,结果保存到 Rd 中。使用 ADC 指令实现 64 位加法。
```
ADDS R0,R0,R2                 ; R0+R2 => R0,影响CPSR中的值
ADC  R1,R1,R3                 ; (R1、R0) = (R1、R0)+(R3、R2)
```

(3) SBC 指令:带借位减法指令,用寄存器 Rn 减去操作数 2,再减去 CPSR 中的 C 条件标志位的非(即若 C 标志清零,则结果减去 1),结果保存在 Rd 中。使用 SBC 实现 64 位减法。
```
SUBS R0,R0,R2
SBC  R1,R1,R3                 ; 使用SBC实现64位减法,(R1,R0) - (R3,R2)
```

(4) AND 指令:按位与操作。
```
ANDS R0,R0,#0x01              ; 取出最低位数据
```

(5) ORR 指令:按位或操作。
```
ORR R0,R0,#0x0F               ; 将R0的低4位置1
```

EOR 指令是进行异或操作,BIC 指令是位清除指令(遇 1 清 0)。

(6) 比较指令:CMP、CMN、TST、TEQ。

```
CMP  R1, #10          ; 将寄存器R1的值与10相减,并设置CPSR标志位
ADDGT R0, R0, #5      ; 如果R1>10,则执行ADDGT指令,将R0加5
CMN  R0, R1           ; R0 - (-R1),反值比较,影响CPSR标志位
CMN  R0, #10          ; R0 - (-10),反值比较,影响CPSR标志位
TST  R1, #3           ; 位测试指令,检查R1中第0位和第1位是否为1,更新条件标志位
TEQ  R1, R2           ; 相等测试指令,比较R0与R1是否相等,也可看做相减,相等则为0,Z=1
```

(7) MUL 指令: 乘法指令。

```
MUL  R1, R2, R3       ; R1=R2*R3。
MULS R0, R3, R7       ; R0=R3*R7,同时设置CPSR中的N位和Z位
```

(8) MLA 是乘加指令,将操作数 1 和操作数 2 相乘再加上第 3 个操作数,结果的低 32 位存入到 Rd 中。

UMULL 是 64 位无符号乘法指令。

```
UMULL R0, R1, R5, R8  ; (R1、R0) = R5 * R8
```

3. 分支指令

(1) B 指令: 跳转指令。

(2) BL 指令: 带链接的跳转指令,指令将下一条指令复制到 R14(即 LR)链接寄存器中(方便跳转后的返回),然后跳转到指定地址运行。BL 指令用于子程序调用,例如:

```
BL DELAY
```

(3) BX 指令: 带状态切换的跳转指令。例如:

```
BX R0 ;跳转到R0指定的地址,并根据R0的最低位来切换处理器的状态
```

4. 协处理器指令

(1) MCR: ARM 寄存器到协处理器寄存器的数据传送指令。

(2) MRC: 协处理器寄存器到 ARM 寄存器的数据传送指令。

指令格式:

```
MRC/MCR {cond} coproc, opcode1, Rd, CRn, CRm{, opcode2}
```

coproc: 指令操作的协处理器名,标准名为 pn,n 为 0~15。

opcode1: 协处理器的特定操作码。

Rd: MRC 操作时,作为目标寄存器的协处理器寄存器,MCR 操作时,作为 ARM 处理器的寄存器。

CRn: 存放第一个操作数的协处理器寄存器。

CRm: 存放第二个操作数的协处理器寄存器。

opcode2: 可选的协处理器特定操作码。

MRC/MCR 指令举例如下:

```
mcr/mrc p15,0,r0,c1,c0,0
```

5. 异常产生及程序状态寄存器(PSR)处理指令

(1) 中断指令 SWI: SWI 指令用于产生中断,从而实现用户模式变换到管理模式,CPSR 保存到管理模式的 SPSR 中,执行转移到 SWI 向量。

```
SWI 0x123456;软中断,中断立即数 0x123456
```

在 SWI 异常中断处理程序中,取出 SWI 立即数的步骤为: 首先确定引起软中断的 SWI 指令是 ARM 指令还是 THUMB 指令,这可通过对 SPSR 访问得到,然后要取得该 SWI 指令的地

址，这可通过访问 LR 寄存器得到，接着读出指令，分解出立即数。程序代码如下：

```
T_bit EQU 0x20                    ; 0010 0000
SWI_Hander
STMFD SP!,{R0-R3,R12,LR}          ; 现场保护
MRS R0,SPSR                       ; 读取SPSR
STMFD SP!,{R0}                    ; 保存SPSR
TST R0, #T_bit                    ; 测试T标志位，0为ARM，1为THUMB
LDRNEH R0,[LR,#-2]                ; 若是THUMB指令，读出产生中断的指令码(16位)
BICNE R0,R0,#0xFF00               ; 取得THUMB指令的8位立即数
LDREQ R0,[LR,#-4]                 ; 若是ARM指令，读取产生中断的指令码(32位)
BICEQ R0,R0,#0xFF000000           ; 取得ARM指令的24位立即数
BL  C_SWI_Handler
LDMFD SP!,{R0-R3,R12,PC}^         ; SWI异常中断返回
```

（2）MRS 指令：读状态寄存器指令，在 ARM 处理器中，只有 MRS 指令可以从状态寄存器 CPSR 或 SPSR 读出到通用寄存器。

```
MRS R1,CPSR                       ; 将CPSR状态寄存器读取，保存到R1
MRS R2,SPSR                       ; 将SPSR状态寄存器读取，保存到R2
```

MRS 应用如下。

① 使能 IRQ 中断：

```
ENABLE_IRQ
MRS R0,CPSR
BIC R0,R0,#0x80                   ; 1000 0000
MSR CPSR,R0
MOV PC,LR
```

② 禁止 IRQ 中断：

```
DISABLE_IRQ
MRS R0,CPSR
ORR R0,R0,#0x80
MSR CPSR,R0
MOV PC,LR
```

（3）MSR：写状态寄存器指令，在 ARM 处理器中，只有 MSR 指令可以直接设置状态寄存器 CPSR 或 SPSR。

6．伪指令

ARM 伪指令不是 ARM 指令集中的指令，只是为了编程方便编译器定义了伪指令。

ARM 地址读取伪指令有四条，分别是 ADR、ADRL、LDR、NOP 伪指令。

（1）ADR、ADRL 指令将基于 PC 相对偏移的地址读取到存储器中，例如：

```
ADR  R0 , DISP_TAB                ; 加载转换表地址
LDR  R1, [R0,R2]                  ; 使用R2作为参数，进行查表
DISP_TAB
DCB  0xc0,0xf9,0xa4,0x99,0x92,0x82,0xf8,0x80
```

（2）LDR 伪指令用于加载 32 位的立即数或一个地址值到指定寄存器，前加 "="。

```
LDR R0,=0x123456                  ; 加载32位立即数0x123456
LDR R0,=DATA_BUF+60               ; 加载DATA_BUF地址+60
```

（3）NOP 是空操作伪指令。

宏是一段独立的程序代码,它是通过伪指令定义的,在程序中使用宏指令即可调用宏,当程序被汇编时,汇编程序将对每个调用进行展开,用宏定义取代源程序中的宏指令。

(1) 符号定义伪指令

全局变量声明：GBLA、GBLL 和 GBLS,其中最后一个字符 A 代表算术变量,初始化为 0；L 代表逻辑变量,初始化为 FALSE,S 代表字符串,初始化为空。

局部变量声明：LCLA、LCLL 和 LCLS,A、L、S 含义同上。

变量赋值：SETA、SETL、和 SETS。

应用举例如下：

```
MACRO                      ;声明一个宏
SENDDAT $dat               ;宏的原型 $表示后面是变量
LCLA bitno                 ;声明一个局部算术变量
bitno SETA 8               ;设置变量值为8
MEND                       ;结束
```

① 为一个通用寄存器列表定义名称"RLIST"。RLIST 指令格式：

```
name RLIST {reglist}
```

例如：

```
LoReg RLIST {R0-R7}        ;定义寄存器列表LoReg
```

② 为一个协处理器的寄存器定义名称"CN"。指令格式：

```
name CN expr
```

其中 name 是要定义的协处理器的寄存器名称,expr 对应协处理器的寄存器编号,数值范围为 0~15,

例如：

```
MemSet CN 1                ;将协处理器的寄存器1名称定义为 MemSet
```

③ 为一个协处理器定义名称"CP"。举例如下：

```
DivRun CP 5                ;将协处理器5名称定义为DivRun
```

(2) 数据定义伪指令

① LTORG。LTORG 用于声明一个文字池,在使用 LDR 伪指令时,要有适当的地址加入。LTORG 声明文字池,这样就会把要加载的数据保存在文字池内,再用 ARM 的加载指令读出数据(若没有使用 LTORG 声明文字池,则汇编器会在程序末尾自动声明)。LTORG 伪指令应用举例如下：

```
LDR R0,=0x12345678
ADD R1,R1,R0
MOV PC,LR
LTORG                      ;声明文字池
DCD 0x333
DCD 0x555
```

② MAP 或 ^。MAP 用于定义一个结构化的内存表的首地址,^与 MAP 同义,例如：

```
MAP 0x00, R9    ;定义内存表的首地址为R9。
```

③ FIELD 或 #。FIELD 用于定义一个结构化内存表的数据域,例如：

```
^ _ISR_STARTADDRESS        ; ^ is synonym for MAP
HandleReset # 4            ;定义数据域 HandleReset,长度为4字节
```

④ SPACE 或 %。SPACE 用于分配一块内存单元,并用 0 初始化,例如：

```
AREA DataRAM, DATA, READWROTE    ;声明一数据段,名为DataRAM
```

```
DataBuf SPACE   1000             ;分配1000字节空间
```
⑤ DCB。DCB 分配一段字节内存单元,并用指定的数据初始化,DCB 伪指令格式:
```
{label} DCB expr{,expr} ...
```
⑥ DCD 和 DCDU:分配一段字的内存单元,并用指令的数据初始化。
⑦ DCQ 和 DCQU:分配一段双字的内存单元,并用 64 位整数数据初始化。
⑧ DCW 和 DCWU:分配一段半字的内存单元,并用指定的数据初始化。
⑨ ASSERT 为断言错误伪指令,编译器对汇编程序的第二遍扫描中,若其中 ASSERT 条件不成立,ASSERT 伪指令将报告该错误信息,例如:
```
ASSERT Top <>Temp       ;断言Top 不等于 Temp
ASSERT :DEF:ENDIAN_CHANGE
```
(3) 汇编控制伪指令

① 条件汇编:IF、ELSE 和 ENDIF。

IF、ELSE 和 ENDIF 伪指令能够根据条件把一段代码包括在汇编程序内或将其排除在程序之外,[与 IF 同义,|与 ELSE 同义,]与 ENDIF 同义。应用举例如下:
```
[ {CONFIG} = 16        ; [ 代表 IF
BL __rt_udiv_1
|                      ; | 代表 ELSE
BL __rt_div0
]                      ; ] 代表 ENDIF
```
② MACRO 和 MEND。

MACRO 和 MEND 伪指令用于宏定义,MACRO 表示宏定义的开始,MEND 表示宏定义的结束,用 MACRO 和 MEND 定义的一段代码,称为宏定义体。应用举例如下:
```
MACRO
CSI_SETB            ;宏名为CSI_SETB,无参数
LDR R0,=rPDATG      ;读取GPG0 口的值
LDR R1,[R0]
ORR R1,R1,#0x01     ;CSI置位操作
STR R1,[R0]         ;输出控制
MEND
```
③ WHILE 和 WEND。

WHILE 和 WEND 伪指令用于根据条件重复汇编相同的或几乎相同的一段源程序,应用举例如下:
```
WHILE no< 5
no SETA no+1
WEND
```
(4) 杂项伪指令

在汇编程序设计较为常用,如段定义伪指令、入口点设置伪指令、包含文件伪指令、标号导出或引入声明。

边界对齐:ALIGN。

段定义:AREA。

指令集定义:CODE16 和 CODE32。

汇编结束:END。

程序入口:ENTRY。

常量定义：EQU。
声明一个符号可以被其他文件引用：EXPORT 和 GLOBAL。
声明一个外部符号：IMPORT 和 EXTERN。
包含文件：GET 和 INCLUDE。
给特定的寄存器命名：RN。
对于 GNU 系统，伪指令前面统一加上"."。

4.5 裸机程序编程步骤

裸机程序编程步骤可分为以下几步。
（1）查看电路原理图，知道硬件电路工作原理。
（2）找到硬件电路图中使用的 CPU 相应引脚，查看 CPU 手册，查阅对应引脚的相关控制寄存器的功能描述。
（3）编写启动程序 start.S。
（4）编写头文件.h 和源文件.c。
（5）编写 makefile 文件，执行 make 生成二进制可执行文件（bin 文件）。
（6）烧写程序到目标机并运行。
烧写程序到目标机的相关步骤如下。
（1）安装 TFTP 服务器，打开 tftp32.exe 工具。Windows 系统中 TFTP 是服务器，目标机中有 uboot 的 TFTP 客户端，工作时，TFTP 客户端发送请求，TFTP 服务器发送数据文件。这里在 Windows 系统中选用 TFTP(tftp32.exe)工具，实现裸机程序放在目标机中运行。打开 tftp32.exe 工具，选择下载文件所在的文件夹，并把裸机程序编译生成二进制可执行文件（bin 文件）放在该文件夹中。
（2）网络配置（同一网段）。设置 Windows IP，如"192.168.0.103；255.255.255.0；192.168.0.1"。
（3）在目标机中（通过串口工具如超级终端）操作：
目标机启动 3 秒内按 Enter 键，进入 uboot 菜单，选择菜单[e]，进入命令行，如图 4.4 所示。注意，系统进入命令行模式后，不能使用 Linux 命令。

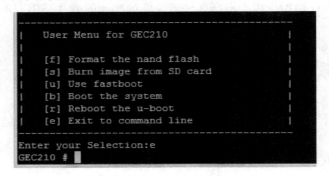

图 4.4　命令行模式

系统进入命令行后，设置服务器（Windows 系统）IP 地址、本地（目标机）IP 地址和网关 IP 地址。如下面命令：

```
# setenv  serverip 192.168.1.100         //设置服务器IP,与Windows系统一致
#setenv ipaddr 192.168.1.101             //设置目标机IP
#setenv gatewayip 192.168.1.1            //设置网关IP
#saveenv                                 //保存环境设置
```

通过uboot的TFTP下载功能下载.bin文件到内存的0x30000000,然后使用"go 0x30000000"命令就可以运行该裸机程序。如下面命令：

```
#tftp 0x30000000  ***.bin                //TFTP传输
#go 0x30000000                           //执行运行命令
```

4.6 编程实现点亮 LED

任务目的：初步掌握使用汇编语言设置 S5PV210 特殊功能寄存器的方法。

所需知识与技能：ARM 汇编语言、指令系统、S5PV210 特殊功能寄存器使用（GPIO）方法、Linux 基本操作、嵌入式系统开发板（实验箱）。

所需设备：PC、嵌入式系统开发板（实验箱）。

实操方法：要求学生先按给定的程序完成操作，然后要求学生现场修改程序，实现 LED 灯闪烁时间间隔的变化。

1．电路原理图

目标机上提供了4个可编程用户 LED，原理图如图 4.5 所示。

注意：不同的实验箱上的 LED 原理图会有不同，主要是 LED 的接口不同，读者应查看自身的开发板或实验箱平台的 LED 原理图，查看 LED 与 I/O 口的连接关系，对下面的代码进行修改。

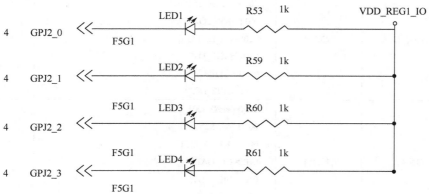

图 4.5　LED 控制电路原理图

可见，LED1、LED2、LED3、LED4 分别使用的 CPU 端口资源为 GPJ2_0、GPJ2_1、GPJ2_2、GPJ2_3。通过对 CPU 的 GPIO 编程，I/O 输出低电平，则 LED 灯亮；输出高电平，则 LED 灯灭。

2．程序相关讲解

（1）汇编代码 start.S

由图4.5可知，点亮 GEC210 的 4 个 LED 需如下两个步骤。

第一步：设置控制寄存器 GPJ2CON，使 GPJ2_0/1/2/3 四个引脚为输出功能；

第二步：往数据寄存器 GPJ2DAT 写 0，使 GPJ2_0/1/2/3 四个引脚输出低电平，4 个 LED 会亮；相反，往数据寄存器 GPJ2DAT 写 1，使 GPJ2_0/1/2/3 四个引脚输出高电平，4 个 LED 会灭。

以上两个步骤即为 start.S 中的核心内容，start.S 里面涉及的汇编指令请查看 4.4 节的内容。GPJ2CON、GPJ2DAT、GPJ2PUD 功能描述如表 4.6～表 4.8 所示。

表 4.6 GPJ2 端口配置寄存器

GPJ2CON	数据位	功能描述	初始状态
GPJ2CON[7]	[31:28]	0000=输入 0001=输出 0010= MSM_DATA[7] 0011= KP_COL[8] 0100=CF_DATA[7] 0101=MHL_D14 0110～1110=保留 1111=GPJ2_INT[7]	0000
GPJ2CON[6]	[27:24]	0000=输入 0001=输出 0010= MSM_DATA[6] 0011= KP_COL[7] 0100=CF_DATA[6] 0101=MHL_D13 0110～1110=保留 1111=GPJ2_INT[6]	0000
GPJ2CON[5]	[23:20]	0000=输入 0001=输出 0010= MSM_DATA[5] 0011= KP_COL[6] 0100=CF_DATA[5] 0101=MHL_D12 0110～1110=保留 1111=GPJ2_INT[5]	0000
GPJ2CON[4]	[19:16]	0000=输入 0001=输出 0010= MSM_DATA[4] 0011= KP_COL[5] 0100=CF_DATA[4] 0101=MHL_D11 0110～1110=保留 1111=GPJ2_INT[4]	0000
GPJ2CON[3]	[15:12]	0000=输入 0001=输出 0010= MSM_DATA[3] 0011= KP_COL[4] 0100=CF_DATA[3] 0101=MHL_D10 0110～1110=保留 1111=GPJ2_INT[3]	0000

续表

GPJ2CON	数据位	功能描述	初始状态
GPJ2CON[2]	[11:8]	0000=输入 0001=输出 0010= MSM_DATA[2] 0011= KP_COL[3] 0100=CF_DATA[2] 0101=MHL_D9 0110~1110=保留 1111=GPJ2_INT[2]	0000
GPJ2CON[1]	[7:4]	0000=输入 0001=输出 0010= MSM_DATA[1] 0011= KP_COL[2] 0100=CF_DATA[1] 0101=MHL_D8 0110~1110=保留 1111=GPJ2_INT[1]	0000
GPJ2CON[0]	[3:0]	0000=输入 0001=输出 0010= MSM_DATA[0] 0011= KP_COL[1] 0100=CF_DATA[0] 0101=MHL_D7 0110~1110=保留 1111=GPJ2_INT[0]	0000

表 4.7 GPJ2 端口数据寄存器

GPJ2DAT	数据位	功能描述	初始状态
GPA0DAT[7:0]	[7:0]	端口数据输入/输出	0x00

表 4.8 GPJ2 端口上/下拉电阻配置寄存器

GPJ2PUD	数据位	功能描述	初始状态
GPJ2PUD[n]	[2n+1:2n] n=0~7	00 =上拉/下拉禁止 01 =下拉允许 10 =上拉允许 11 = 保留	0x5555

汇编代码start.S代码清单如下：

```
    .globl _start
_start:
    // 设置GPJ2CON的bit[0:15]，配置GPJ2_0/1/2/3引脚为输出功能
    ldr r1, =0xE0200280
    ldr r0, =0x00001111
    str r0, [r1]

    mov r2, #0x1000
led_blink:
    // 设置GPJ2DAT的bit[0:3]，使GPJ2_0/1/2/3引脚输出低电平，LED亮
```

```
        ldr r1, =0xE0200284
        mov r0, #0
        str r0, [r1]
        // 延时
        bl delay

        // 设置GPJ2DAT的bit[0:3]，使GPJ2_0/1/2/3引脚输出高电平，LED灭
        ldr r1, =0xE0200284
        mov r0, #0xf
        str r0, [r1]

        // 延时
        bl delay

        sub r2, r2, #1
        cmp r2,#0
        bne led_blink

halt:
    b halt

delay:
    mov r0, #0xf00000
delay_loop:
    cmp r0, #0
    sub r0, r0, #1
    bne delay_loop
    mov pc, lr
```

（2）makefile 文件

代码如下：

```
led.bin: start.o
    arm-linux-ld -Ttext 0x30000000 -o led.elf $^
    arm-linux-objcopy -O binary led.elf led.bin
    arm-linux-objdump -D led.elf > led_elf.dis
%.o : %.S
    arm-linux-gcc -o $@ $< -c

clean:
    rm *.o *.elf *.bin
```

关于makefile文件的编写在3.7节已讲解过。这里只是进行粗略的讲解。当用户在makefile所在目录下执行 make 命令时，系统会进行如下操作。

第一步执行"arm-linux-gcc -o $@ $< -c"命令将当前目录下存在的汇编文件和 C 文件编译成.o 文件。

第二步执行"arm-linux-ld -Ttext 0x30000000 -o led.elf $^"命令将所有.o 文件链接成 elf 文件，"-Ttext 0x30000000"表示程序的运行地址是 0x30000000，由于目前我们编写的代码是位置无关码，因此程序能在任何一个地址上运行。

第三步执行"arm-linux-objcopy -O binary led.elf led.bin"命令将 elf 文件抽取为可在目标机上运行的 bin 文件。

第四步执行"arm-linux-objdump -D led.elf > led_elf.dis"命令将 elf 文件反汇编后保存在 dis

文件中，调试程序时可能会用到。

3. 编译代码和烧写运行

执行 make 命令就可以对程序进行编译，生成 led.bin 等文件。
具体烧写和运行方法参见 4.5 节。

4. 现象

LED 正常闪烁，这说明第一个程序汇编点亮所有 LED 已经成功。

5. 练习

修改代码，编译运行，调整 LED 闪烁频率，实现 LED 闪烁频率增大一倍。

4.7 调用 C 函数

任务目的：强化S5PV210特殊功能寄存器的使用，掌握汇编语言调用C语言方法。
所需知识与技能：C 语言编程、ARM 汇编语言、指令系统、S5PV210 特殊功能寄存器使用（GPIO）方法、Linux 基本操作、嵌入式系统开发板（实验箱）。
所需设备：PC、嵌入式系统开发板（实验箱）。
实操方法：要求学生先按给定的程序完成操作，然后要求学生用C语言代替汇编修改代码并完成实验。

1. 查阅原理图

目标机上提供了 4 个可编程用户 LED，原理图如图 4.5 所示，4 个 LED 灯 D1、D2、D3、D4 分别使用的 CPU 端口资源为 GPJ2_0、GPJ2_1、GPJ2_2、GPJ2_3。

2. 相关寄存器

本任务用到的相关寄存器功能描述如表4-6～表4-8所示。

3. 程序相关讲解

（1）汇编代码 start.S

与 4.6 节的代码相比，在本代码中，start.S 有两点不同：①手动关闭了看门狗，只需往看门狗定时器控制寄存器 WTCON 写入 0 即可；②调用了 C 语言实现延时的功能的函数 delay.c。
start.S代码如下：

```
    .globl _start

_start:
    // 关闭看门狗
    ldr r0, =0xE2700000
    mov r1, #0
    str r1, [r0]

    // 设置GPJ2CON的bit[0:15]，配置GPJ2_0/1/2/3引脚为输出功能
    ldr r1, =0xE0200280
    ldr r0, =0x00001111
    str r0, [r1]

    mov r2, #0x1000
led_blink:
```

```
            // 设置GPJ2DAT的bit[0:3]，使GPJ2_0/1/2/3引脚输出低电平，LED亮
            ldr r1, =0xE0200284
            mov r0, #0
            str r0, [r1]

            // 延时
            mov r0, #0x100000
            bl delay

            // 设置GPJ2DAT的bit[0:3]，使GPJ2_0/1/2/3引脚输出高电平，LED灭
            ldr r1, =0xE0200284
            mov r0, #0xf
            str r0, [r1]

            // 延时
            mov r0, #0x100000
            bl delay

            sub r2, r2, #1
            cmp r2, #0
            bne led_blink
        halt:
            b halt
```

（2）delay.c

汇编调用C函数时，当参数个数不超过4个，使用r0～r3这4个寄存器来传递参数；如果参数个数超过4个，剩余的参数通过栈来传递，delay()只有一个参数，所以用r0来传递。

delay.c代码中内含一个普通的C语言延时函数，delay.c代码如下：

```c
void delay(int r0)
{
    volatile int count = r0;
    while (count--);
}
```

（3）makefile

C语言裸机程序编译时，因为不能调用标准库，arm-linux-gcc需增加参数"‐nostdlib"。

```
led_wtd.bin: start.o delay.o
    arm-linux-ld -Ttext 0x30000000 -o led_wtd.elf $^
    arm-linux-objcopy -O binary led_wtd.elf led_wtd.bin
    arm-linux-objdump -D led_wtd.elf > led_wtd_elf.dis
%.o : %.S
    arm-linux-gcc‐nostdlib -o $@ $< -c
%.o : %.c
    arm-linux-gcc‐nostdlib-o $@ $< -c
clean:
    rm *.o *.elf *.bin *.dis -f
```

4．编译代码和烧写运行

执行make命令就可以对程序进行编译，生成led_wtd.bin等文件。

具体烧写和运行方法参见4.5节。

5．现象

LED正常闪烁。

6. 练习

用C语言修改代码，编译运行。

4.8 编程实现按键查询点亮 LED

任务目的：掌握C语言操作S5PV210特殊功能寄存器的方法，掌握嵌入式产品开发中常用的键盘查询编程方法。

所需知识与技能：C 语言编程、S5PV210 特殊功能寄存器使用（GPIO）方法、Linux 基本操作、嵌入式系统开发板（实验箱）。

所需设备：PC、嵌入式系统开发板（实验箱）。

实操方法：要求学生先按给定的程序完成操作，然后要求学生现场修改程序，实现K6按键对LED灯的控制。

1. 原理图

按键控制电路图如图 4.6 所示。按键按下，相应引脚为低电平，平时不按下则为高电平。

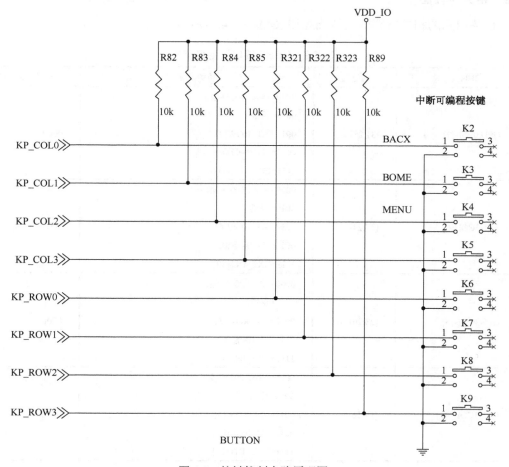

图 4.6　按键控制电路原理图

程序用到按键占用端口情况如图 4.7 所示，由图 4.7 可见，按键电路主要占用了 GPH2、GPH3 相应端口资源。

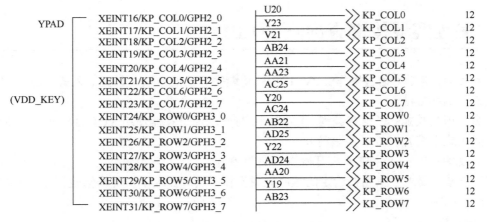

图 4.7 按键电路占用端口示意图

2．相关寄存器

本任务用到的相关寄存器功能描述如表4.9～表4.11所示。

表 4.9 GPH3 端口配置寄存器

GPH3CON	数据位	功能描述	初始状态
GPH3CON[7]	[31:28]	0000=输入 0001=输出 0010=保留 0011=KP_ROW[7] 0011～1110=保留 1111=EXT_INT[31]	0000
GPH3CON[6]	[27:24]	0000=输入 0001=输出 0010=保留 0011= KP_ROW[6] 0011～1110=保留 1111=EXT_INT[30]	0000
GPH3CON[5]	[23:20]	0000=输入 0001=输出 0010=保留 0011= KP_ROW[5] 0011～1110=保留 1111=EXT_INT[29]	0000
GPH3CON[4]	[19:16]	0000=输入 0001=输出 0010=保留 0011= KP_ROW[4] 0011～1110=保留 1111=EXT_INT[28]	0000

续表

GPH3CON	数据位	功能描述	初始状态
GPH3CON[3]	[15:12]	0000=输入 0001=输出 0010=保留 0011= KP_ROW[3] 0011~1110=保留 1111=EXT_INT[27]	0000
GPH3CON[2]	[11:8]	0000=输入 0001=输出 0010=保留 0011= KP_ROW[2] 0011~1110=保留 1111=EXT_INT[26]	0000
GPH3CON[1]	[7:4]	0000=输入 0001=输出 0010=保留 0011= KP_ROW[1] 0011~1110=保留 1111=EXT_INT[25]	0000
GPH3CON[0]	[3:0]	0000=输入 0001=输出 0010=保留 0011= KP_ROW[0] 0011~1110=保留 1111=EXT_INT[24]	0000

表 4.10 GPH3 端口数据寄存器

GPH3DAT	数据位	功能描述	初始状态
GPH3DAT[7:0]	[7:0]	端口数据输入/输出	0x00

表 4.11 上/下拉电阻配置寄存器

GPH3PUD	数据位	功能描述	初始状态
GPH3PUD[n]	[2n+1:2n] n=0~7	00 =上拉/下拉禁止 01 =下拉允许 10 =上拉允许 11 = 保留	0x5555

3．程序相关讲解

（1）汇编代码 start.S：

```
    .global _start
_start:
    // 关闭看门狗
    ldr r0, =0xE2700000
    mov r1, #0
    str r1, [r0]

    // 设置栈，以便调用c函数
```

```
        ldr sp, =0x31000000

        // 调用main
        bl main
halt:
        b halt
```

(2) main.c：

```c
// LED
#define  rGPJ2CON    (*(volatile unsigned long *) 0xE0200280)
#define  rGPJ2DAT    (*(volatile unsigned long *) 0xE0200284)
#define  rGPJ2PUD    (*(volatile unsigned long *) 0xE0200288)
// KEY
#define  rGPH3CON    (*(volatile unsigned long *) 0xE0200C60)
#define  rGPH3DAT    (*(volatile unsigned long *) 0xE0200C64)
#define  rGPH3PUD    (*(volatile unsigned long *) 0xE0200C68)

void main()
{
        //led_init
        rGPJ2CON = 0x1111;              //D1-D4 -> output
        rGPJ2DAT = 0xff;
        rGPJ2PUD = 0x55;
        //key_init
        rGPH3CON &=~(0xf<<4);
        rGPH3PUD &=~(0x3<<2);

while(1)
    {
if(!(rGPH3DAT & (0x1<<1)))
            {
if(!(rGPH3DAT & (0x1<<1)))
                {
while(!(rGPH3DAT & (0x1<<1)));
                        rGPJ2DAT ^= (0xf<<0);
                }
            }
        }
}
```

(3) makefile 文件：

```
key_led.bin: start.o main.o
    arm-linux-ld -Ttext 0x30000000 -o key_led.elf $^
    arm-linux-objcopy -O binary key_led.elf key_led.bin
    arm-linux-objdump -D key_led.elf > key_led_elf.dis


%.o : %.S
    arm-linux-gcc -o $@ $< -c


%.o : %.c
```

```
        arm-linux-gcc -o $@ $< -c
clean:
        rm *.o *.elf *.bin *.dis *.exe -f
```

4. 编译代码和烧写运行

执行 make 命令就可以对程序进行编译，生成 key_led.bin 等文件。
具体烧写和运行方法参见 4.5 节。

5. 现象

未按下任何按键时，所有 LED 保持熄灭状态。当按下 KEY7 按键时，4 个 LED 被点亮，当再次按下 KEY7 按键时，4 个 LED 熄灭。

6. 练习

修改代码，编译并运行，按键 KEY6 代替按键 KEY7 实现上述功能。

4.9 串口通信

任务目的：掌握串口的使用方法。
所需知识与技能：C 语言编程、S5PV210 特殊功能寄存器使用（GPIO、串口）方法、Linux 基本操作、嵌入式系统开发板（实验箱）。
所需设备：PC、嵌入式系统开发板（实验箱）。
实操方法：要求学生先按给定的程序完成操作，然后要求学生现场修改程序，实现对串口通信波特率的修改。

1. S5PV210 UART 相关说明

通用异步收发器简称 UART，即 Universal Asynchronous Receiver and Transmitter，它用来传输串行数据。发送数据时，CPU 将并行数据写入 UART，UART 按照一定的格式在一根电线上串行发出；接收数据时，UART 检测另一根电线的信号，将串行收集在缓冲区中，CPU 即可读取 UART 获得这些数据。

在 S5PV210 中，UART 提供了 4 对独立的异步串口 I/O 端口，有 4 个独立的通道，每个通道可以工作于 DMA 模式或者中断模式。其中，通道 0 有 256B 的发送 FIFO 和 256B 的接收 FIFO，通道 1 有 64B 的发送 FIFO 和 64B 的接收 FIFO，而通道 2 和 3 只有 16B 的发送 FIFO 和 16B 的接收 FIFO。

S5PV210 的 UART 结构图如图 4.8 所示。

UART 使用标准的 TTL/CMCOS 逻辑电平来表示数据，为了增强数据抗干扰能力和提高传输长度，通常将 TTL/CMOS 逻辑电平转换为 RS-232 逻辑电平，查看图 4.8 可知板子使用的是 SP3232EEA 芯片，使用的是 TX0 和 RX0。

图 4.8 中主要模块英文备注：Transmitter（发送单元）、Transmit Buffer Register（发送缓冲寄存器）、Transmit Shifter（发送移位寄存器）、Receiver（接收单元）、Receive Buffer Register（接收缓冲寄存器）、Receive Shifter（接收移位寄存器）、Baud-rate Generator（波特率发生器）、Control Unit（控制单元）。

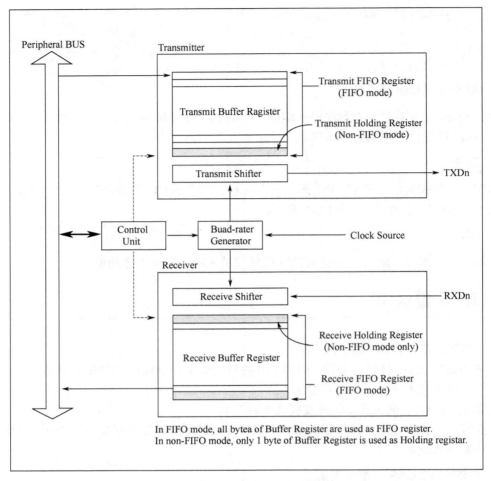

图 4.8 S5PV210 内部串口结构框图

串口电平转换芯片 SP3232EEA 如图 4.9 所示。

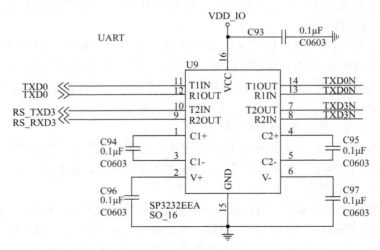

图 4.9 串口电平转换芯片 SP3232EEA

通过设置UART相关寄存器，就可以启动UART工作，发送和接收字符。

2. 程序相关讲解

（1）汇编程序 start.S：

```
    .global _start

_start:
    // 关闭看门狗
    ldr r0, =0xE2700000
    mov r1, #0
    str r1, [r0]

    // 设置栈，以便调用C函数
    ldr sp, =0x31000000

    // 汇编初始化时钟
    bl clock_init

    // 调用main函数
    bl main

halt:
    b halt
```

（2）main.c：

```c
void uart_init(void);

int main()
{
    char c;
    // 初始化串口
    uart_init();

    while (1)
    {
        // 目标机接收字符
        c = getc();
        // 目标机发送字符c+1
        putc(c+1);
    }
    return 0;
}
```

在 main 函数中，首先会调用 uart_init()初始化 UART，然后使用 getc 接收 PC 发过来的字符，再调用 putc()将该字符+1 回复给 PC。

（3）uart.c：

```c
#define GPA0CON    ( *((volatile unsigned long *)0xE0200000) )
#define GPA1CON    ( *((volatile unsigned long *)0xE0200020) )
```

```c
// UART相关寄存器
#define ULCON0      ( *((volatile unsigned long *)0xE2900000) )
#define UCON0       ( *((volatile unsigned long *)0xE2900004) )
#define UFCON0      ( *((volatile unsigned long *)0xE2900008) )
#define UMCON0      ( *((volatile unsigned long *)0xE290000C) )
#define UTRSTAT0    ( *((volatile unsigned long *)0xE2900010) )
#define UERSTAT0    ( *((volatile unsigned long *)0xE2900014) )
#define UFSTAT0     ( *((volatile unsigned long *)0xE2900018) )
#define UMSTAT0     ( *((volatile unsigned long *)0xE290001C) )
#define UTXH0       ( *((volatile unsigned long *)0xE2900020) )
#define URXH0       ( *((volatile unsigned long *)0xE2900024) )
#define UBRDIV0     ( *((volatile unsigned long *)0xE2900028) )
#define UDIVSLOT0   ( *((volatile unsigned long *)0xE290002C) )
#define UART_UBRDIV_VAL   35
#define UART_UDIVSLOT_VAL 0x1

// 初始化串口
void uart_init()
{
    GPA0CON=(GPA0CON&~0xff)|(0x22);
    ULCON0=(0X3<<0);
    UCON0=(1<<0)|(1<<2)|(1<<8)|(1<<9);
    UFCON0=0X0;
    UMCON0=0X0;
    UBRDIV0=34;
    UDIVSLOT0=0X1FFF;
}

// 接收一个字符
char getc(void)
{
    // 如果RX FIFO空,等待
    while (!(UTRSTAT0 & (1<<0)));
    // 取数据
    return URXH0;
}

// 发送一个字符
void putc(char c)
{
    // 如果TX FIFO满,等待
    while (!(UTRSTAT0 & (1<<2)));
    // 写数据
    UTXH0 = c;
}
```

(4) makefile 文件:

```
uart.bin: start.o main.o uart.o clock.o
    arm-linux-ld -Ttext 0x31000000 -o uart.elf $^
    arm-linux-objcopy -O binary uart.elf uart.bin
    arm-linux-objdump -D uart.elf > uart_elf.dis

%.o : %.S
    arm-linux-gcc -o $@ $< -c -fno-builtin

%.o : %.c
    arm-linux-gcc -o $@ $< -c -fno-builtin

clean:
    rm *.o *.elf *.bin *.dis *.exe *~ -f
```

上述代码可分为 4 部分，以下分别说明。

① 配置端口引脚用于 RX/TX 功能。参考 UART 引脚连接图，需要设置 GPA0CON 寄存器使 GPA0_0 和 GPA0_1 引脚用于 UART 功能。GPA0 端口配置寄存器如表 4.12 所示。

表 4.12 GPA0 端口配置寄存器

GPA0CON	数据位	功能描述	初始状态
GPA0CON[7]	[31:28]	0000=输入 0001=输出 0010=UART_1_RTSn 0011~1110=保留 1111=GPA0_INT[7]	0000
GPA0CON[6]	[27:24]	0000=输入 0001=输出 0010=UART_1_CTSn 0011~1110=保留 1111=GPA0_INT[6]	0000
GPA0CON[5]	[23:20]	0000=输入 0001=输出 0010=UART_1_TXD 0011~1110=保留 1111=GPA0_INT[5]	0000
GPA0CON[4]	[19:16]	0000=输入 0001=输出 0010=UART_1_RXD 0011~1110=保留 1111=GPA0_INT[4]	0000
GPA0CON[3]	[15:12]	0000=输入 0001=输出 0010=UART_0_RTSn 0011~1110=保留 1111=GPA0_INT[3]	0000
GPA0CON[2]	[11:8]	0000=输入 0001=输出 0010=UART_0_CTSn 0011~1110=保留 1111=GPA0_INT[2]	0000

续表

GPA0CON	数据位	功能描述	初始状态
GPA0CON[1]	[7:4]	0000=输入 0001=输出 0010=UART_0_TXD 0011～1110=保留 1111=GPA0_INT[1]	0000
GPA0CON[0]	[3:0]	0000=输入 0001=输出 0010=UART_0_RXD 0011～1110=保留 1111=GPA0_INT[0]	0000

② 串口工作模式设置，ULCON0 设置数据格式，功能描述如表 4.13 所示。

表 4.13 串口 0 数据格式寄存器

ULCONn	数据位	功能描述	初始状态
保留	[31:7]	保留	0000
红外模式	[6]	0=基本模式 1=红外模式	0000
奇偶校验模式	[5:3]	0xx=无校验 100=奇校验 101=偶校验 110=奇偶校验为 1 111=奇偶校验为 0	0000
停止位	[2]	停止位数： 0=1 位 1=2 位	0
数据长度	[1:0]	数据长度： 00=5 位 01=6 位 10=7 位 11=8 位	00

设置如下：

数据长度= 11，8 位数据。

停止位 = 0，1 位的停止位。

奇偶校验模式= 000，无校验。

红外模式=0，使用普通模式。

所以 ULCON0=0x3。

③ UCON0 配置串口工作模式，如表 4.14 所示。

表 4.14 串口配置寄存器

UCONn	数据位	功能描述	初始状态
保留	[31:21]	保留	0
Tx DMA Burst 大小	[20]	0=1 字节 1=4 字节	0

续表

UCONn	数据位	功能描述	初始状态
保留	[19:17]	保留	000
Rx DMA Burst 大小	[16]	0=1 字节 1=4 字节	0
保留	[15:11]	保留	0
时钟选择	[10]	0=PCLK: UBRDIVn = (int)(PCLK / (bps x 16)) -1 1=UART: UBRDIVn = (int)(UART / (bps x 16)) -1	0
Tx 中断类型	[9]	0=脉冲触发 1=电平触发	0
Rx 中断类型	[8]	0=脉冲触发 1=电平触发	0
Rx 超时中断	[7]	0=不允许 1=允许	0
Rx 错误中断	[6]	0=不产生 1=产生	0
回环模式	[5]	0=正常操作 1=发送直接给接收（用于测试）	0
发送暂停信号	[4]	0=正常传输 1=发送暂停信号	0
Tx 模式	[3:2]	00=不允许 01=中断或查询 10=DMA0 11=DMA1	00
Rx 模式	[1:0]	00=不允许 01=中断或查询 10=DMA0 11=DMA1	00

设置如下：

Rx 模式 =01，使用中断模式或者轮询模式。

Tx 模式 =01，使用中断模式或者轮询模式。

发送暂停信号 =0，正常传输。

回环模式 =0，正常操作。

采用轮询的方式接收和发送数据，不使用中断，所以 bit[6-9]均为 0。

时钟选择 =0，使用 PCLK 作为 UART 的工作时钟。

不使用 DMA，所以 bit[16]和 bit[20]均为 0。

所以 UCON0 = 0x5。

④ UFCON0 和 UMCON0。这两个寄存器比较简单，UFCON0 用来使能 FIFO，UMCON0 用来设置无流控。

⑤ 设置串口通信波特率。波特率即每秒传输的数据位数，涉及 UBRDIV0 和 UDIVSLOT0 两个寄存器，功能描述如表 4.15 和表 4.16 所示。

表 4.15 串口波特率设置寄存器

UBRDIVn	数据位	功能描述	初始状态
保留	[31:16]	保留	0
UBRDIVn	[15:0]	波特率分频值	0x0000

表 4.16 串口波特率微调寄存器

UDIVSLOTn	数据位	功能描述	初始状态
保留	[31:16]	保留	0
UDIVSLOTn	[15:0]	波特率微调参数	0x0000

波特率设置相关公式：
```
UBRDIVn + ( UDIVSLOTn中1的个数)/16 = (PCLK / (bps x 16)) -1
```
其中，UART 工作于 PSYS 下，所以 PCLK 即 PCLK_PSYS = 66.5MHz，波特率 bps 设置为 115200，代入上述公式：
```
(66.5MHz/(115200 x 16))-1 = 35.08 = UBRDIVn + ( UDIVSLOTn中1的个数)/16
```
所以，UBRDIV0=35（整数），UDIVSLOT0 中 1 的个数=1。

⑥ 接收和发送数据。

接收数据：读 UTRSTAT0（发送/接收状态寄存器），当接收缓冲器状态为 1 时，说明接收到一个完整的数据，读 URXH0（数据接收寄存器）可以得到 8 位的数据。

发送数据：读 UTRSTAT0（发送/接收状态寄存器），当发送单元状态为 1 时，说明上一个数据发送完毕，可以继续发送数据，写下一个数据到 UTXH0（数据发送寄存器），串口自动发送数据。

URXH0、UTXH0、UTRSTAT0 寄存器功能描述如表 4.17～表 4.19 所示。

表 4.17 串口发送数据寄存器

UTXHn	数据位	功能描述	初始状态
保留	[31:8]	保留	
UTXHn	[7:0]	发送数据	

表 4.18 串口接收数据寄存器

URXHn	数据位	功能描述	初始状态
保留	[31:8]	保留	0
URXHn	[7:0]	接收数据	0x00

表 4.19 串口发送/接收状态寄存器

UTRSTATn	数据位	功能描述	初始状态
保留	[31:3]	保留	0
发送单元状态	[2]	发送缓冲和发送移位寄存器是否都空： 0=否 1=是	1

续表

UTRSTATn	数据位	功能描述	初始状态
发送缓冲器状态	[1]	发送缓冲器是否空： 0=不为空 1=空	1
接收缓冲器状态	[0]	接收缓冲器是否空： 0=空 1=收到一个数据	0

3．编译代码和烧写运行

执行 make 命令就可以对程序进行编译，生成 uart.bin 等文件。

具体烧写和运行方法参见 4.5 节。

4．现象

先连接好串口线，打开串口工具，设置好波特率等参数，待实验箱系统启动后，从 PC 键盘中输入一个字符，则串口终端会显示该字符在 ASCII 表中的下一字符。

5．练习

修改波特率，修改程序代码，编译并运行，观察结果。

本章小结

本章学习内容是 ARM 处理器的相关知识及应用，包括 ARM 结构、指令系统、裸机编程等内容，学习过程中要多查看 S5PV210 芯片的数据手册（Datasheet）。本书用到的实操平台是 ARM CortexTM-A8 的实验箱，裸机开发的步骤与 ARM9 的不同。

第 5 章

嵌入式 Linux 的系统制作

5.1 编译 Bootloader

Bootloader 一词在嵌入式系统中应用广泛，中文意思可以解释为"启动加载器"。顾名思义，Bootloader 是一个在系统启动时工作的软件。由于启动时涉及硬件和软件的启动，所有 Bootloader 是一个涉及硬件和软件衔接的重要系统软件。

1. PC（个人计算机）上的 Bootloader

PC 的 BIOS（主板上固化的一段程序，常说的"基本输入/输出系统"）和硬件或其他磁盘设备的引导记录在扮演着和嵌入式系统中 Bootloader 类似的作用，可以把这两部分的系统程序理解为 PC 的 Bootloader。

Bootloader 是系统加电后运行的第一段程序，一般来说，Bootloader 为了保证整个系统的启动速度，要在很短的时间内运行。PC 的 Bootloader 由 BIOS 和 MBR 组成。其中，BIOS 固化在 PC 主板的一块内存内；MBR 是 PC 内硬盘主引导扇区（Master Boot Recorder）的缩写。

PC 通电后，首先执行 BIOS 的启动程序。然后根据用户配置，由 BIOS 加载硬盘 MBR 的启动数据。BIOS 把硬盘 MBR 的数据读取到内存，然后把系统的控制权交给保存在 MBR 的操作系统加载程序（OS Loader）。操作系统加载程序继续工作，直到加载操作系统内核，再把控制权交给操作系统内核。

2. 嵌入式系统的 Bootloader

PC 的体系结构相对固定，多数厂商采用相同的架构，甚至外部设备的连接方式都完全相同。并且，PC 有统一的设计规范，操作系统开发人员不用为系统启动发愁，启动的工作都是由 BIOS 来完成的。不仅如此，PC 的 BIOS 还为操作系统提供了访问底层硬件的中断调用。

嵌入式系统就没有这么幸运，在绝大多数的嵌入式系统上没有类似 PC 的 BIOS 的系统程序的。由于嵌入式系统需求复杂多变，需要根据用户需求来设计硬件系统甚至软件系统，很难有一个统一的标准。嵌入式系统每个系统的启动代码都是不完全相同的，这就增加了开发设计的工作难度。

嵌入式系统虽然硬件差异大，但是仍然有相同的规律可循。在同一体系结构上，外部设备的连接方式、工作方式可能不同，但是 CPU 的指令、编程模型是相同的。由于和 PC 系统的差异，在嵌入式系统中，需要开发人员自己设计 Bootloader。所幸的是，开发人员不用从零开始为每个系统编写代码，一些开源软件组织以及其他公司已经设计出了适合多种系统的Bootloader。这些 Bootloader 软件实践上是为嵌入式系统设计的一个相对通用的框架。开发人员只需要根据需求，按照不同体系结构的编程模型，以及硬件连接结构，设计与硬件相关的代码，省去了从头开发的烦琐流程。

3．Bootloader 的基本概念

Bootloader 就是在操作系统内核运行之前运行的一段引导系统启动的程序。这段小程序的作用是初始化硬件设备、建立内存空间的映射图，并将系统的软硬件环境配置到一个合适的状态，以便为调用操作系统内核准备好正确的环境。在嵌入式系统中，Bootloader 是严重地依赖于硬件而实现的，没有 Bootloader，嵌入式系统就不能启动。

4．嵌入式系统常见的 Bootloader

Bootloader 是嵌入式软件开发的第一个环节，它把嵌入式系统的软件和硬件紧密衔接在一起，对于一个嵌入式设备的后续开发至关重要。Bootloader 初始化目标硬件，给嵌入式操作系统提供硬件资源信息，并且装载嵌入式操作系统。在嵌入式开发过程中 Bootloader 往往是难点，开源的 Bootloader 在设计思想上往往有一些相同之处。现在提供几款常见的 Bootloader 供大家参考。

（1）vivi：由三星提供，韩国 mizi 公司原创，开放源代码，必须使用 arm-linux-gcc 进行编译，目前已经基本停止发展，主要适用于三星 S3C24xx 系列 ARM 芯片，用于启动 Linux 系统，支持串口下载和网络文件系统启动等常用简易功能。

（2）armvivi：由国嵌提供并积极维护，它基于 vivi 发展而来，不提供源代码，在保留原始 vivi 功能的基础上，整合了诸多其他实用功能，如支持 CRAMFS、YAFFS 文件系统，USB 下载，自动识别并启动 Linux、WinCE、uCos、Vxwork 等多种嵌入式操作系统，下载程序到内存中执行，是 2440/2410 系统中一款功能强大的 Bootloader。

（3）vboot：是一款精简的 Bootloader，它的功能很简单，只是启动 Linux 系统，vboot 可以自动适应支持 64M/128M Nand Flash 的 ARM2440 板。

（4）U-Boot：一个开源的专门针对嵌入式Linux 系统设计的最流行Bootloader，必须使用 arm-linux-gcc 进行编译，具有强大的网络功能，支持网络下载内核并通过网络启动系统，U-Boot 处于更加活跃的更新发展之中，但对于2440/2410 系统来说，它尚未支持Nand Flash 启动，国内已经有人为此自行加入了这些功能。

5.1.1 U-Boot 简介

U-Boot 是在1999 年由德国DENX 软件工程中心的 Wolfgang Denk 发起的，全称为Universal Bootloader。

U-Boot 的基本特点如下。

（1）支持多种硬件构架：包括 ARM、x86、PPC、MIPS、m68k、NIOS、Blackfin。
（2）支持多种操作系统，包括 Linux、Vxworks、NETBSD、QNX、RTEMS、ARTOS、LynSOS。
（3）支持多达 216 种以上的目标机。
（4）开发源代码，遵循 GPL 条款。
（5）易于移植、调试。

5.1.2 编译 U-Boot

（1）复制实训平台提供的 uboot-gec21020130916.tar.bz2 源码到 ubuntu 的/opt 目录中，解压，进入源码顶层目录。

```
root@ngs-lab:/opt#tar xjvf uboot-gec21020130916.tar.bz2
root@ngs-lab:/opt#cd uboot-gec210-1G.DRAM.2G.FLASH/
root@ngs-lab:/opt/ uboot-gec210-1G.DRAM.2G.FLASH#make gec210_nand_config
//生成从nandflash启动的makefile文件
Configuring for gec210_nand board…
root@ngs-lab:/opt/ uboot-gec210#make
```

（2）在终端里面输入 make 进行编译，最后就会生成 u-boot.bin。

5.2 编译 Linux 内核

Linux 内核是 Linux 操作系统不可缺少的组成部分，但是内核本身不是操作系统。许多 Linux 操作系统发行商，如 Ret Hat、Debian 等都是采用 Linux 内核，然后加入用户需要的工具软件和程序库，最终构成一个完整的操作系统。嵌入式 Linux 系统是运行在嵌入式硬件系统上的 Linux 操作系统，每个嵌入式 Linux 系统都包括必要的工具软件和程序库。

5.2.1 Linux 内核简介

内核是操作系统的核心部分，为应用程序提供安全访问硬件资源的功能。直接操作计算机硬件是很复杂的，内核通过硬件抽象的方法屏蔽了硬件的复杂性和多样性。通过硬件抽象的方法，内核向应用程序提供了统一和简洁的接口，应用程序设计复杂程度降低。实际上，内核可以被看做是一个系统资源管理器，内核管理计算机系统中所有的软件和硬件资源。

应用程序可以直接运行在计算机硬件上而无须内核的支持，从这个角度看，内核不是必需的。在早期的计算机系统中，由于系统资源的局限，通常采用直接在硬件上运行应用程序的办法。运行应用程序需要一些辅助程序，如程序加载器、调试器等。随着计算机性能的不断提高，硬件和软件资源都变得复杂，需要一个统一管理的程序，操作系统的概念也逐渐建立起来。

Linux 内核最早是芬兰大学生 Linus Torvalds 由于个人兴趣编写的，并且在 1991 年发布。经过二十余年的发展，Linux 系统早已是一个公开并且有广泛开发人员参与的操作系统内核。但是 Torvalds 本人继续保持对 Linux 的控制，而且 Linux 名称的唯一版权所有人仍然是 Torvalds 本人。从 Linux0.12 版本开始，使用 GNU 的 GPL（通用公共许可协议）自由软件许可协议。

由于 Linux 内核以及其他 GUN 软件开发源代码，Linux 系统发行商可以根据自己的发行需求修改内核并且对系统进行定制。如 Red Hat 把一些 Linux 内核 2.6 版本的特性移植到 2.4 版本的内核。嵌入式系统开发的过程中，用户需要根据硬件的功能特性裁剪内核，甚至修改内核代码适应不同的硬件架构。

5.2.2 内核编译

（1）把实训平台提供的 linux-2.6.35.7-gec-v3.0-FT5206-201405.tar.gz 复制到用户目录，解压 linux-2.6.35.7-gec-v3.0.tar.bz2 进入内核目录。

```
root@ngs-lab:/opt #tar xvzf linux-2.6.35.7-gec-v3.0-FT5206-201405.tar.gz
```

```
root@ngs-lab:/opt #cd linux-2.6.35.7-gec-v3.0-gt110
```

利用已经配置好的配置文件，下面命令执行其中一条，根据屏幕大小选择。

```
root@ngs-lab:/opt/ linux-2.6.35.7-gec-v3.0-gt110#cp GEC210_1024X768_CONFIG .config
```
（注意config前的"."）
```
root@ngs-lab:/opt/ linux-2.6.35.7-gec-v3.0-gt110#cpGEC210_4.3INCH_CONFIG .config
root@ngs-lab:/opt/ linux-2.6.35.7-gec-v3.0-gt110#cp GEC210_7INCH_CONFIG .config
```

（2）可用下面命令安装 ncurses-dev：

```
root@ngs-lab:/opt/ linux-2.6.35.7-gec-v3.0-gt110#sudo apt-get install ncurses-dev
```

输入"#make menuconfig"，进入图形界面来配置内核，如图 5.1 所示。

```
root@ngs-lab:/opt/ linux-2.6.35.7-gec-v3.0-gt110# make menuconfig
```

图 5.1　配置内核

不用修改，直接退出保存。

因为和编译 U-Boot 的工具链版本不同，所以需要修改 makefile，指定交叉编译工具，如图 5.2 所示。

root@ngs-lab:/opt/ linux-2.6.35.7-gec-v3.0-gt110#vim makefile

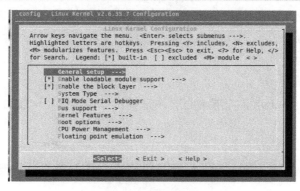

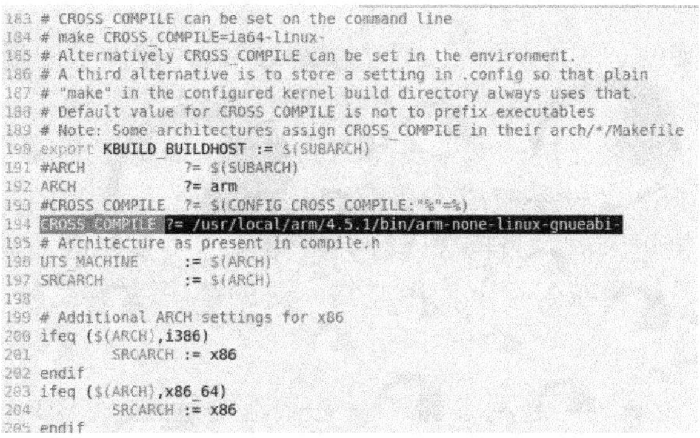

图 5.2　修改 makefile 文件

保存退出。

root@ngs-lab:/opt/ linux-2.6.35.7-gec-v3.0-gt110#make

5.3 制作嵌入式 Linux 根文件系统

Linux 内核在启动过程中会安装文件系统,文件系统为 Linux 操作系统不可或缺的重要组成部分。用户通常是通过文件系统同操作系统和硬件设备进行交互,在 Linux 系统中硬件也作为文件系统的一部分。通常所说的文件系统分为两个含义,一个含义是软盘和软盘机制的文件系统,即物理文件系统,另一个含义是用户看得见并能操作的逻辑文件系统。

根文件系统首先是一种文件系统,但是相对于普通的文件系统,它的特殊之处在于,它是内核启动时所 mount 的第一个文件系统,内核代码映像文件保存在根文件系统中,而系统引导启动程序会在根文件系统挂载之后,把一些基本的初始化脚本和服务等加载到内存中运行。

5.3.1 根文件系统类型

1. ext2 与 ext3

ext2 与 ext3 是 Linux 专门设计的硬盘文件系统,一般称为扩展文件系统。ext3 增加了日志记录功能。

2. swap 文件系统

swap 文件系统用于 Linux 的交换分区,用来提供虚拟内存,一般为物理内存的 2 倍。由操作系统自行管理。

3. VFAT

VFAT 是 Linux 对 DOS、Windows 系统下的 FAT 文件系统的一个统称。

4. NFS 文件系统

NFS 文件系统,即网络文件系统,用于系统间通过网络进行文件共享,不能建立在 Flash 上,只能建立在硬盘上。

5. ISO 9660 文件系统

ISO 9660 文件系统是光盘使用的标准文件系统。

6. JFFS2 文件系统

JFFS2 是一个可读写的、压缩的、日志型文件系统,并提供了崩溃/掉电安全保护,克服了 JFFS 的一些缺点:使用了基于哈希表的日志结点结构,大大加快了对结点的操作速度;支持数据压缩;提供了"写平衡"支持;支持多种结点类型;提高了对闪存的利用率,降低了内存的消耗。这些特点使 JFFS2 文件系统成为目前 Flash 设备上最流行的文件系统格式,它的缺点就是当文件系统已满或接近满时,JFFS2 运行会变慢,这主要是因为碎片收集的问题。

目前,JFFS2 文件系统是在闪存上使用非常广泛的读/写文件系统。

7. UBIFS 文件系统

无排序区块图像文件系统,是用于固态硬盘存储设备上,UBIFS 支持 write-back,其写入的数据会被 Cache,直到有必要写入时才写到 Flash,大大地降低分散小区块数量并提高 I/O 效率。

8. YAFFS/YAFFS2

YAFFS/YAFFS2 是一种和 JFFSx 类似的闪存文件系统,它是专为嵌入式系统使用 NAND

型闪存而设计的一种日志型文件系统。和 JFFS2 相比它减少了一些功能，所以速度更快，而且对内存的占用比较小。此外，YAFFS 自带 NAND 芯片的驱动，并且为嵌入式系统提供了直接访问文件系统的 API，用户可以不使用 Linux 中的 MTD 与 VFS，直接对文件系统操作。YAFFS2 支持大页面的 NAND 设备，并且对大页面的 NAND 设备做了优化。JFFS2 在 NAND 闪存上表现并不稳定，更适合于 NOR 闪存，所以相对大容量的 NAND 闪存，YAFFS 是更好的选择。

5.3.2 制作简单 yaffs 根文件系统

1. busybox 移植

（1）用 busybox 定制一个根文件系统，对于嵌入式文件系统，根目录下需包含 bin、dev、etc、sbin、tmp、usr、lib、proc、sys 等目录，这里设定根目录是 "/root/rootfs"。busybox、bash 编译之后，安装到该目录下：

```
root@ngs-lab:/home/ngs #mkdir /root/rootfs/{bin,sbin,dev,usr,lib,proc,sys,tmp,mnt,var,etc} -p
root@ngs-lab:/home/ngs #mkdir /root/rootfs/usr/{bin,sbin,lib,share}
root@ngs-lab:/home/ngs #ls /root/rootfs
bindev etc lib mnt proc sbinsystmp  usr var
root@ngs-lab:/home/ngs #ls /root/rootfs/usr/
binlib sbinshare
root@ngs-lab:/home/ngs #
```

（2）创建必要的设备结点：

```
root@ngs-lab:/home/ngs #cd /root/rootfs/dev
root@ngs-lab:~/rootfs/dev #mknod console c 5 1
root@ngs-lab:~/rootfs/dev #mknod null c1 3
root@ngs-lab:~/rootfs/dev #ls
console  null
```

（3）复制动态链接库。

交叉编译的链接库是在交叉工具链的 lib 目录下，当移植应用程序到目标板上时，需要把交叉编译的链接库也一起移植到目标板上。这里用到的交叉工具链是 "/usr/local/arm/4.5.1/"，所以链接库的目录是 "/usr/local/arm/4.5.1/arm-none-linux- gnueabi/libc/lib"（读者链接库目录若有所不同请自行查找），复制 libc、libcrypt、libdl、libm、libpthread、libresolv、libutil 等库文件。本文提供一个脚本来防止复制缺失，内容如图 5.3 所示。

```
 1 #!/bin/sh
 2 for file in libc libcrypt libdl libm libpthread libresolv libutil
 3 do
 4 cp $file*.so  /root/rootfs/lib
 5 cp -d $file.so.* /root/rootfs/lib
 6 done
 7 cp -d ld*.so* /root/rootfs/lib
 8 cp -d libstdc++.so* /root/rootfs/lib
 9 cp -d libjpeg.so* /root/rootfs/lib
10 cp -d libgcc_s* /root/rootfs/lib
11 cp -d libnss*.so* /root/rootfs/lib
12 cp -d libpng*.so* /root/rootfs/lib
13 cp -d libuuid.so* /root/rootfs/lib
14 cp -d libssp.so* /root/rootfs/lib
15
```

图 5.3 防止复制缺失的脚本文件

操作步骤如下：

```
root@ngs-lab:~/rootfs/dev #cd/usr/local/arm/4.5.1/arm-none-linux-gnueabi/libc/lib
root@ngs-lab:/usr/local/arm/4.5.1/arm-none-linux-gnueabi/libc/lib#vim cp.sh
```

编辑以下内容：

```
#!/bin/sh
for file in libc libcrypt libdl libm libpthread libresolv libutil
do
cp $file*.so /root/rootfs/lib
cp -d $file.so.* /root/rootfs/lib
done
cp -d ld*.so* /root/rootfs/lib
cp -d libstdc++.so* /root/rootfs/lib
cp -d libgcc_s* /root/rootfs/lib
cp -d libnss*.so* /root/rootfs/lib
cp -d libuuid.so* /root/rootfs/lib
cp -d libssp.so* /root/rootfs/lib
```

更新脚本文件 cp.sh：

```
root@ngs-lab:/usr/local/arm/4.5.1/arm-none-linux-gnueabi/libc/lib#source cp.sh
cp:无法获取"libstdc++.so*"的文件状态(stat)：没有那个文件或目录
cp:无法获取"libuuid.so*"的文件状态(stat)：没有那个文件或目录
cp:无法获取"libssp.so*"的文件状态(stat)：没有那个文件或目录
```

可以到其他目录复制：

```
root@ngs-lab:/usr/local/arm/4.5.1/arm-none-linux-gnueabi/libc/lib#cd /usr/local/arm/4.5.1/arm-none-linux-gnueabi/libc/usr/lib
root@ngs-lab:/usr/local/arm/4.5.1/arm-none-linux-gnueabi/libc/usr/lib#cp    -d    libstdc++.so* /root/rootfs/lib
```

切换到"/root/rootfs/lib"目录下，压缩刚才复制过来的链接库，节省体积：

```
root@ngs-lab:/usr/local/arm/4.5.1/arm-none-linux-gnueabi/libc/usr/lib#cd /root/rootfs/lib
root@ngs-lab:/root/rootfs/lib#arm-none-linux-gnueabi-strip -s ./lib*
```

2．交叉编译 busybox

将实训平台提供的 busybox-1.19.2.tar.bz2 复制到任意目录下（这里复制到"/opt"目录下），解压：

```
root@ngs-lab: /opt#tar xjvf busybox-1.19.2.tar.bz2
root@ngs-lab: /opt #cd busybox-1.19.2
```

配置 busybox：

```
root@ngs-lab: /opt/ busybox-1.19.2 #make defconfig
root@ngs-lab: /opt/ busybox-1.19.2#make menuconfig
```

配置时，基于默认配置，再配置它为静态编译，安装时不要使用默认路径"/usr"，指定一个安装路径：

```
Busybox Settings --->
```

```
            General Configuration --->
                [*] Don't use /usr
        Build Options --->
            [*] Build BusyBox as a static binary (no shared libs)
        Installation Options --->
            (/root/rootfs) BusyBox installation prefix
```
输入"/root/rootfs",指定安装路径为"/root/rootfs"。

指定编译器,编辑 makefile 文件,修改 makefile 文件的第 164 行:

```
root@ngs-lab: /opt/ busybox-1.19.2#vim Makefile
        ARCH ?=arm
        CROSS_COMPILE ?=/usr/local/arm/4.5.1/bin/arm-none-linux-gnueabi-
```

保存退出,编译安装:

```
root@ngs-lab: /opt/ busybox-1.19.2#make && make install
```

安装完成后,busybox 会在安装目录上安装 linuxrc 文件,用户可以根据自身需要进行更换该文件。

3. 建立系统配置文件

(1)/root/rootfs/etc/inittab 文件

inittab 文件是系统启动后所访问的第一个脚本文件,后续启动的文件都是由它指定的。

```
root@ngs-lab: /opt/ busybox-1.19.2#cd /root/rootfs/
root@ngs-lab:/root/rootfs #vim etc/inittab
```

添加如下内容(带#号行为注释行):

```
#first :run the system script file
::sysinit:/etc/init.d/rcS
#third : run the bash shell process
::respawn:-/bin/sh
#restart init process
::restart:/sbin/init
#second:run the locals script file
::once:/etc/rc.local
#umount all filesystem
::shutdown:/bin/umount -a -r
```

(2)/root/rootfs/etc/fstab 文件

该配置文件为目标系统所支持挂载的文件系统类型列表(可参考 PC 主机上的配置)。

```
root@ngs-lab:/root/rootfs #vim  etc/fstab
```

添加如下内容:

```
#device mount-point    type    options  dump   fsck order
proc      /proc        proc    defaults  0      0
tmpfs     /tmp         tmpfs   defaults  0      0
sysfs     /sys         sysfs   defaults  0      0
tmpfs     /dev         tmpfs   defaults  0      0
tmpfs     /var         tmpfs   defaults  0      0
var       /dev         tmpfs   defaults  0      0
ramfs     /dev         ramfs   defaults  0      0
```

(3)/root/rootfs/etc/init.d/rcS 文件

该脚本主要是挂载 proc、sysfs 和 ramfs 文件系统，建立必要的设备文件或其符号链接。

```
root@ngs-lab:/root/rootfs #mkdir /root/rootfs/etc/init.d
root@ngs-lab:/root/rootfs #vim /root/rootfs/etc/init.d/rcS
```

内容如下：

```
#!/bin/sh
PATH=/sbin:/bin:/usr/sbin:/usr/bin
runlevel=S
prevlevel=N
umask 022
export PATH runlevel prevlevel


#
#       Trap CTRL-C &c only in this shell so we can interrupt subprocesses.
#

mount -a
mkdir -p /dev/pts
mount -t devpts devpts /dev/pts
echo /sbin/mdev > /proc/sys/kernel/hotplug
mdev -s
mkdir -p /var/lock

mkdir /dev/fb /dev/v4l
ln -s /dev/fb0 /dev/fb/0
ln -s /dev/video0 /dev/v4l/video0
hwclock -w
hwclock -s

#TL-WN321G+
ifconfig lo 127.0.0.1

/bin/hostname  GEC210
```

（4）/root/rootfs/etc/profile 文件

该配置文件为目标系统所有的 shell 用户定义全局变量。

```
root@ngs-lab:/root/rootfs #vim  /root/rootfs/etc/profile
```

文件内容如下：

```
#!/bin/sh
# Ash profile
# vim: syntax=sh

# No core files by default
ulimit -S -c 0 > /dev/null 2>&1


USER="`id -un`"
LOGNAME=$USER
PS1='[\u@\h \W]\#'
```

```
PATH=$PATH

HOSTNAME=`/bin/hostname`

export USER LOGNAME PS1 PATH
```

(5) /root/rootfs/etc/passwd

该文件为系统用户管理配置文件。

```
root@ngs-lab:/root/rootfs #vim /root/rootfs/etc/passwd
```

添加内容如下：

```
root::0:0:root:/:/bin/sh
ftp::14:50:FTP User:/var/ftp:
bin:*:1:1:bin:/bin:
daemon:*:2:2:daemon:/sbin:
nobody:*:99:99:Nobody:/:
sky:$1$8GIZx6d9$L2ctqdXbYDzkbxNURpE4z/:502:502:Linux User,,,:/home/sky:/bin/sh
```

(6) /root/rootfs/etc/rc.local

该配置文件主要是配置网络。

```
root@ngs-lab:/root/rootfs #vim /root/rootfs/etc/rc.local
```

内容如下：

```
#!/bin/sh
/sbin/ifconfig lo 127.0.0.1 up
/sbin/ifconfig eth0 192.168.0.23 netmask 255.255.255.0 up
/sbin/route add default gw 192.168.0.1 eth0
```

(7) /root/rootfs/etc/mdev.conf

添加文件 mdev.conf，支持 U 盘自动挂载，修改根文件系统中的 etc/mdev.conf 文件，内容如下：

```
root@ngs-lab:/root/rootfs#vim /root/rootfs/etc/mdev.conf
sd[a-z][0-9] 0:0 666 * /etc/mdev/udisk_opt
```

添加目录 mdev，在目录 mdev 中添加文件 udisk_opt：

```
root@ngs-lab:/root/rootfs#mkdir /root/rootfs/etc/mdev
root@ngs-lab:/root/rootfs#vim /root/rootfs/etc/mdev/udisk_opt
```

文件 udisk_opt 的内容如下：

```
#!/bin/sh
echo "------udev insert----$MDEV---$ACTION" > /dev/s3c2410_serial0
if [ "$ACTION" == "add" ];then
if [ -d /sys/block/*/$MDEV ];then
mkdir -p /media/$MDEV
mount /dev/$MDEV /media/$MDEV -t vfat
fi
elif [ "$ACTION" == "remove" ];then
umount -l /media/$MDEV
rm -rf /media
fi
```

(8) 改变 etc 里面文件的权限：
```
root@ngs-lab:/root/rootfs #chmod 777 etc/*
root@ngs-lab:/root/rootfs #chmod 777 etc/*/*
```

4. 制作 yaffs 文件系统镜像

（1）获得 mkyaffs2image 工具 yaffs2-source，从实训平台的资料中查找或从网上下载，下载地址"http://fatplus.googlecode.com/files/yaffs2-source.tar"。

（2）安装软件：
```
root@ngs-lab:/opt#tar xvf yaffs2-source.tar
root@ngs-lab:/opt#cd yaffs2/utils
```
安装：
```
root@ngs-lab:/opt/yaffs2/utils #make
root@ngs-lab:/opt/yaffs2/utils #cp mkyaffs2image /usr/local/bin/
```

（3）制作 yaffs 系统。

注意：进入/root/(文件系统源码同级目录)进行操作。
```
root@ngs-lab:/opt/yaffs2/utils #cd /root
root@ngs-lab:/root#mkyaffs2image rootfs rootfs.img
```

5.4 使用 Fastboot 烧写 Linux 系统镜像

前提：目标机系统 U-Boot 正常启动的情况下使用，如果屏幕出现白屏或者串口终端没有 U-Boot 信息输出的情况下，建议使用 SD 卡恢复 U-Boot。

使用 Fastboot 烧写 Linux 系统镜像的步骤如下。

（1）接好电源（目标机系统供电电源为 12V DC 电源），然后接好串口线、Mini-usb 线。

（2）打开工具软件里面的 DNW 软件，设置相关参数，波特率采用"115200"，在"Configuration"的"Option"下设置，如图 5.4 所示。

（3）选择"Serial Port"→"Connect"选项，如图 5.5 所示。

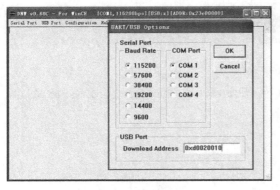
图 5.4　设置串口

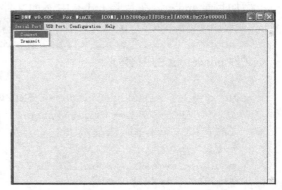
图 5.5　连接目标机设备

（4）对目标机上电，在 3 秒内按下 Enter 键，如图 5.6 所示。

（5）然后输入"u"，选择"Use fastboot"选项，如图 5.7 所示。

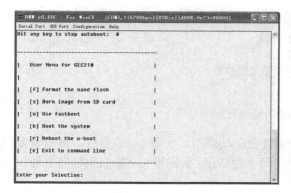
图 5.6　进入菜单

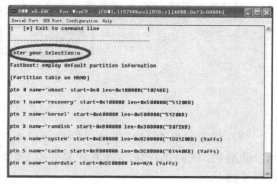
图 5.7　选择使用 Fastboot 选项

（6）这时 PC 提示发现新硬件，需要安装 Fastboot 的驱动程序，选择"从列表或指定位置安装"，如图 5.8 所示。

（7）浏览选择光盘里的工具软件下的 gec210_android_driver 文件夹，然后单击"确定"按钮，如图 5.9 所示。

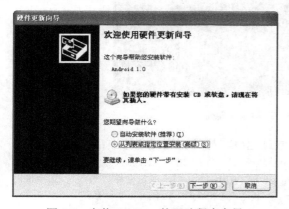
图 5.8　安装 Fastboot 的驱动程序向导

图 5.9　选择 Fastboot 驱动

正在安装 Fastboot 驱动界面，如图 5.10 所示。
Fastboot 驱动安装完成界面，如图 5.11 所示。

图 5.10　正在安装 Fastboot 驱动

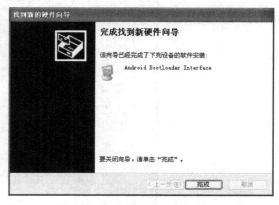
图 5.11　Fastboot 驱动安装完成

（8）USB 驱动安装完毕之后，进入目标机资料光盘烧写镜像目录下，如图 5.12 所示。

图 5.12　打开烧写镜像目录

（9）双击 auto 批处理文档，则目标机系统镜像会自动烧写，大概 3~5 分钟，批处理窗口会自动消失，此时系统烧写或者恢复完成（如果出现卡住情况，关闭窗口，重新执行以上操作），如图 5.13 所示。

图 5.13　烧写系统镜像

（10）以下指令为批处理文件内容，可通过记事本打开查阅或者修改：

```
fastboot.exe flash uboot u-boot-7Inch-2013-09-15.bin（系统引导文件）
fastboot.exe flash kernel zImage2013-09-15（系统内核文件）
fastboot.exe flash system rootfs-iot2013-09-15.img（文件系统）
fastboot.exe -w（窗口退出指令）
```

（11）烧写完系统之后，对系统重新上电或者按下 RST 按钮，对目标机系统进行复位，校正屏幕之后进入 Linux 系统，如图 5.14 所示。

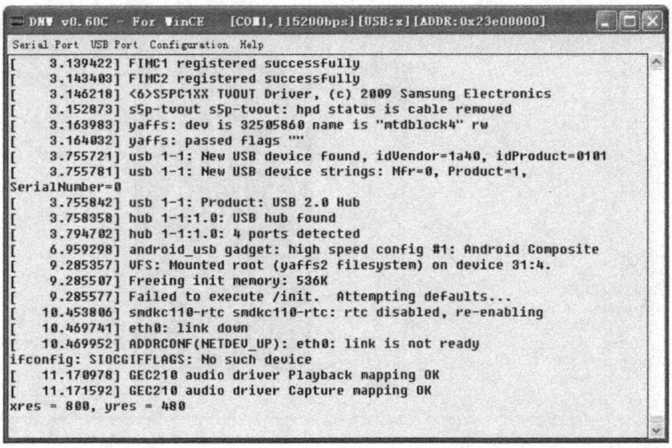

图 5.14　校准触摸屏

校正屏幕出现小十字形光标，用手指对准十字形光标中心轻点，点一次，小十字形光标就会移动，共需点击五次，完成屏幕坐标矫正。

本章小结

本章主要内容是给大家介绍一下嵌入式设备是如何安装 Linux 系统的，以及 Linux 文件系统是如何制作的。本章内容操作性较多，大家需多练习。

第 6 章

字符型设备驱动程序设计

驱动程序英文全称 Device Driver，也称为设备驱动程序。驱动程序是用于计算机与外部设备通信的特殊程序，相当于软件和硬件的接口，通常只有操作系统能使用驱动程序。在现代计算机体系结构中，操作系统并不直接与硬件打交道，而是通过驱动程序与硬件进行通信。

本章主要讲解设备驱动、Linux 内核模块等，后面主要讲解字符型设备的驱动开发。

6.1 设备驱动介绍

驱动程序是附加到操作系统的一段程序，通常用于硬件通信。每种硬件都有自己的驱动程序，其中包含了硬件设备的信息。操作系统通过驱动程序提供的硬件信息与硬件设备通信。由于驱动设备的重要性，在安装操作系统后需要安装驱动程序，外部设备才能正常工作。Linux 内核自带了相当多的设备驱动程序，几乎可以驱动目前主流的各种硬件设备。

Linux 系统将设备分成 3 种基本类型：字符设备、块设备、网络设备。

1．字符设备

字符设备是一个能够像字节流一样被访问的设备，字符终端（/dev/console）和串口（/dev/ttyS0）就是两个字符设备。字符设备可以通过文件系统结点来访问，如/dev/tty1 和/dev/lp0 等。这些设备文件和普通文件之间的唯一差别在于：对普通文件的访问可以前后移动访问位置，而大多数字符设备是一个只能顺序访问的数据通道。

2．块设备

块设备和字符设备相类似，块设备也是通过/dev 目录下的文件系统结点来进行访问的。在大多数 UNIX 系统中，进行 I/O 操作时块设备每次只能传输一个或多个完整的块；在 Linux 系统中，应用程序可以像字符设备一样地读写块设备，允许一次传递任意多字节的数据。块设备和字符设备的区别仅仅在于内核内部管理数据的方式，也就是内核及驱动程序之间的接口。

3．网络接口

任何网络事物都是经过一个网络接口形成的，即一个能够和其他主机交换数据的设备。网络接口由内核中的网络子系统驱动，负责发送和接收数据包，但它不需要了解每项事物如何映射到实际传送的数据包。

Linux 的驱动开发有两种方法：一种是直接编译到内核；另一种是编译为模块的形式，

单独加载运行调试。第一种方法效率较低，但在某些场合是唯一的方法。模块方式调试效率高，它使用 insmod 工具将编译的模块直接插入内核，如果出现故障，可以使用 rmmod 从内核中卸载模块。

6.2 Linux 内核模块

　　Linux 内核是一个整体结构，但是通过内核模块的方式向开发人员提供了一种动态加载程序到内核的能力。通过内核模块，开发人员可以访问内核的资源，内核还向开发人员提供了访问底层硬件和总线的接口。因此，Linux 系统的驱动是通过内核模块实现的。

　　Linux 内核模块是一种可以被内核动态加载和卸载的可执行程序。通过内核模块可以扩展内核的功能，通常内核模块被用于设备驱动、文件系统等。Linux 内核是一个整体结构，可以把内核想象成一个巨大的程序，各种功能结合在一起。如果没有内核模块，向内核添加功能就需要修改代码、重新编译内核、安装新内核等步骤，不仅烦琐，而且容易出错，不易于调试。

　　为了弥补整体式内核的缺点，Linux 内核的开发者设计了内核模块机制。从代码的角度看，内核模块是一组可以完成某种功能的函数集合。从执行的角度看，内核模块可以看做是一个已经编译但是没有连接的程序。

　　对于内核来说，模块包含了在运行时可以连接的代码。模块的代码可以被连接到内核，作为内核的一部分，因此称为内核模块。从用户的角度来看，内核模块是一个外挂组件，在需要的时候挂载到内核，不需要的时候可以被删除。内核模块给开发者提供了动态扩充内核功能的途径。

6.2.1 内核模块的特点

内核模块的特点有以下三点。
（1）模块只是先注册自己以便服务于将来的某个请求，然后就立即结束。
（2）模块可以是实现驱动程序、文件系统或者其他功能。
（3）加载模块后，模块运行在内核空间，和内核链接为一体。

6.2.2 模块与内核的接口函数

　　函数 init_module：内核加载模块的时候调用。主要功能为以后使用模块里的函数和变量预先做准备。
　　函数 cleanup_module：模块的第二个入口点，内核在模块即将卸载之前调用。

6.2.3 操作模块相关的命令

操作模块的相关命令有以下几个。
（1）insmod：加载模块。后面参数是模块文件名。
（2）rmmod：卸载模块。后面参数是模块名称。
（3）lsmod：列出当前内核使用的模块。或者查看/proc/modules 文件。

（4）modprobe：探测并加载内核模块。只需要给出模块名称，自动寻找适合的模块文件，并进行加载。注意和 insmod 的不同之处：①可以自动寻找模块文件并加载；②自动寻找并加载依赖的模块。

（5）depmod：给内核模块生成依赖文件。生成/lib/modules/<kernel version>/modules.dep 文件，其中<kernel version>是当前运行内核的版本号。

6.3 Linux 设备驱动

Linux 系统把设备驱动分成字符设备、块设备和网络设备 3 种类型，如 3.1 节所述。内核为设备驱动提供了注册和管理的接口，设备驱动还可以使用内核提供的其他功能，以及访问内核资源。

在 Linux 系统中，所有的资源都是作为文件管理的，设备驱动也不例外，设备驱动通常是作为一类特殊的文件存放在"/dev"目录下。查看"/dev"目录得到系统所有设备的列表，如图 6.1 所示。

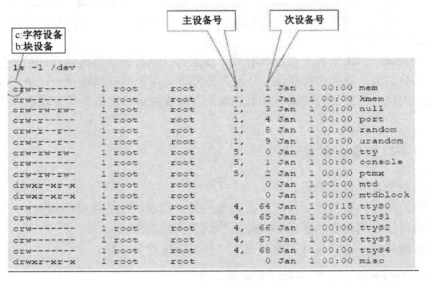

图 6.1　查看"/dev"目录结果

设备文件属性最开始的一个字符 c 表示该设备文件关联的是一个字符设备；b 表示关联的是一个块设备。在文件列表的中间部分有两个数字，第一个数字称为主设备号，第二个数字称为次设备号。

在内核中使用主设备号标识一个设备，次设备号提供给设备驱动使用。在打开一个设备的时候，内核会根据设备的主设备号得到设备驱动，并且把次设备号传递给驱动。Linux 内核为所有设备都分配了主设备号，在编写驱动程序之前需要参考内核代码 Documentation/devices.txt 文件，确保使用的设备号没有被占用。

在使用一个设备之前，需要使用 Linux 提供的 mknod 命令建立设备文件。mknod 命令格式如下：

```
mknod [OPTION]… NAME TYPE [MAJOR MINOR]
```

其中，NAME 是设备文件名称；TYPE 是设备类型；c 代表字符设备，b 代表块设备；MAJOR 是主设备号，MINOR 是次设备号。OPTION 是选项，-m 参数用于指定设备文件访问权限。图 6.2 所示给出 mknod 命令执行后在根目录"/dev"下创建相应的设备文件。

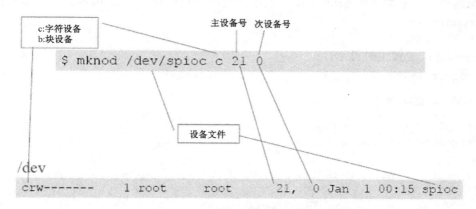

图 6.2 使用 mknod 命令创建设备文件

6.4 硬件接口、驱动程序、设备文件、应用程序的关系

硬件接口：所有的目标机都会把 GPIO（通用输入输出）接口引出来。

驱动程序：将底层硬件的操作写成供应用程序可以调用的函数集合。

设备文件：为了让应用程序方便地控制硬件设备，驱动程序将硬件映射成一个设备文件，这样应用程序通过读写这个设备文件就可以控制硬件设备了。

应用程序：通过读写设备文件，并调用驱动程序里的函数来控制硬件设备。

硬件接口、驱动程序、设备文件、应用程序的关系可以简单地这样理解：驱动程序将硬件接口映射成一个设备文件，然后应用程序就可以通过读写设备文件，并调用驱动程序里的函数来控制硬件设备。这是嵌入式开发的一个原则，或者说读者必须去习惯的原则。硬件接口、驱动程序、设备文件和应用程序的关系如图 6.3 所示。

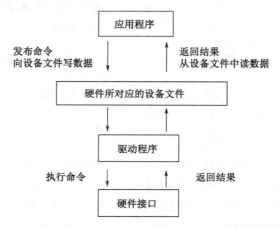

图 6.3 硬件接口、驱动程序、设备文件和应用程序的关系

6.5 简单的字符设备驱动开发

字符设备是 Linux 系统最简单的一类设备，应用程序可以像操作普通文件一样操作字符设备。下面编写一个最简单的 hello 驱动，这个驱动的功能是在使用 insmod 加载时显示：

```
module init!
Hello world!
```

用 rmmod 卸载模块时显示：

```
module exit!
```

1. hello.c 驱动程序：

```c
#include <linux/kernel.h>
#include <linux/module.h>

static __init int hello_init(void)
{
        printk("module init!\n");
        printk("Hello world!\n");
        return 0;
}
static __exit void hello_exit(void)
{
        printk("module exit!\n");
        return ;
}

module_init(hello_init);
module_exit(hello_exit);
MODULE_LICENSE("GPL");
```

将上述驱动分成四部分讲解：头文件、初始化函数模块 hello_init、退出函数模块 hello_exit、模块说明。

（1）头文件。这一部分就是包含所需要的头文件。

```c
#include <linux/kernel.h>      /*kernel.h头文件是所有驱动需要的头文件*/
#include <linux/module.h>      /* module.h头文件包含了许多内核函数如printk()*/
```

（2）初始化函数模块 hello_init。

```c
static __init int hello_init(void)      /*定义了一个整型的静态初始化函数*/
{
        printk("module init!\n");   /*加载驱动后，使用printk内核打印函数打印信息*/
        printk("Hello world!\n");
        return 0;                   /*初始化函数模块hello_init成功运行后，返回值为0*/
}
```

在内核 API 函数中，以双下划线开头"__"的函数都是底层操作函数，__init 修饰词标记内核启动时使用的初始化代码，内核启动完成后不再需要。printk 是内核专有的函数，不是 C 语言函数 printf，内核通过 printk()输出信息，内核中是无法使用标准的 C 库函数的。

（3）退出函数模块 hello_exit。

```
static __exit void hello_exit(void)
{
    printk("module exit!\n");
    return ;
}
```

_exit 修饰词告诉内核这个退出函数仅仅用于模块卸载，并且仅仅能在模块卸载或者系统关闭时被调用。

（4）模块说明。

```
module_init(hello_init);    /*该内核函数指明了hello_init函数要在加载驱动时执行*/
module_exit(hello_exit);    /*该内核函数指明了hello_exit函数要在卸载驱动时执行*/
```

module_init 和 module_exit 是强制性使用的，这个宏会在模块的目标代码中增加一个特殊的段，用于说明函数所在的位置。如果没有这个宏，则初始化函数和退出函数永远不会被调用。

```
MODULE_LICENSE("GPL");    /*该驱动是符合开源GPL协议的,就是读者可以得到这个驱动的源代码,读者修改后也要遵守GPL协议*/
```

模块如果不声明自己使用的 license，模块被加载时，会给出处理内核被污染（kernel taint）的警告。可以使用 MODULE_LICENSE(" GPL ")来避免。

Linux 遵循 GNU 通用公共许可证（GPL），GPL 是由自由软件基金会为 GNU 项目设计的，它允许任何人对其重新发布甚至销售。故 Linux 内核源码以 GPL 许可发布。

2．makefile 文件

Make 工具会读取 makefile 文件，进行内核的编译。makefile 文件的完整内容如下：

```
ifneq ($(KERNELRELEASE),)
    obj-m :=hello.o
else
    module-objs :=hello.o
    KERNELDIR ?=/opt/linux-2.6.35.7-gec-v3.0-gt110
    PWD := $(shell pwd)
modules:
    $(MAKE) -C $(KERNELDIR) M=$(PWD) modules
endif
clean:
    $(RM) *.ko *.mod.c *.mod.o *.o *.order *.symvers *.cmd
```

其中：

"KERNELDIR ?=/opt/linux-2.6.35.7-gec-v3.0-gt110" 指定内核源代码的路径（U-Buntu 中）。内核模块编译：为 2.6 版本内核构造驱动模块，首先需要有配置并构建好的 2.6 内核源代码，而且最好运行和驱动模块对应的内核，2.6 内核的驱动模块要和内核源代码中的目标文件连接。2.6 内核的构建系统 kbuild 使得内核源码外的内核驱动模块编译跟内核编译统一起来，无须手动给定这些参数。makefile 文件中：

（1）"obj-m = hello.o" 表明有一个模块要从目标文件 hello.o 建立，kbuild 从该目标文件建立内核驱动模块 hello.ko。

（2）"PWD := $(shell pwd)" 表明当前驱动模块源码目录。

执行以下命令编译模块：

```
$(MAKE) -C $(KERNELDIR) M=$(PWD) modules
```

改变目录到用"-C"选项提供的内核源码目录,在那里找到内核的顶层 makefile。"M=$(PWD) modules"选项使 makefile 在试图建立模块目标前,回到模块源码目录。

2.6 内核引入新的内核模块命名规范:内核模块使用.ko 的文件后缀(代替以往的.o 后缀),从而内核模块区别于普通的目标文件。

如果多个文件构成的内核驱动模块:则 makefile 会帮用户完成编译和连接的工作。例如,内核模块分为两个文件 start.c 和 stop.c,则 makefile 这样写:

```
obj-m += startstop.o
startstop-objs := start.o stop.o
```

跟单个文件模块的编译方式一样,内核编译系统会将所有的目标文件连接为一个文件。

3. 编译

使用 4.5.1 版的交叉编译器编译驱动,而且在编译的时候必须在 makefile 文件中指明内核源代码的位置。输入"make"命令,结果如下:

```
root@ngs-lab:/mnt/hgfs/share/qudong/1-hello_world# ls
hello.c  Makefile
root@ngs-lab:/mnt/hgfs/share/qudong/1-hello_world# make
make -C /opt/linux-2.6.35.7-gec-v3.0-gt110
M=/mnt/hgfs/share/qudong/1-hello_world modules
make[1]: 正在进入目录 '/opt/linux-2.6.35.7-gec-v3.0-gt110'
  CC [M]  /mnt/hgfs/share/qudong/1-hello_world/hello.o
  Building modules, stage 2.
  MODPOST 1 modules
  CC      /mnt/hgfs/share/qudong/1-hello_world/hello.mod.o
  LD [M]  /mnt/hgfs/share/qudong/1-hello_world/hello.ko
make[1]:正在离开目录 '/opt/linux-2.6.35.7-gec-v3.0-gt110'
root@ngs-lab:/mnt/hgfs/share/qudong/1-hello_world#ls
hello.c   hello.mod.c  hello.o    modules.order
hello.ko  hello.mod.o  Makefile   Module.symvers
root@ngs-lab:/mnt/hgfs/share/qudong/1-hello_world#cp hello.ko  /home/ngs
```

4. 下载与运行

运行超级终端,通过串口登录到目标机上,并在目标机上挂载 nfs,加载和卸载 hello.ko 驱动模块,得到如下信息。

```
[root@AIB210 /]# mount -t nfs -o nolock 192.168.0.102:/home/gec /mnt
[root@AIB210 /]# cd /mnt
[root@AIB 210 /mnt]# ls
hello.ko
[root@AIB 210 /mnt]# insmod hello.ko
[ 205.870302] module init!
[ 205.870333] Hello world!
[root@AIB 210 /mnt]# lsmod
hello 575 0 - Live 0xbf056000
[root@AIB 210 /mnt]# rmmod hello
[ 271.096734] module exit!
[root@AIB 210 /mnt]#lsmod
[root@AIB 210 /mnt]#
```

以上加载和卸载 Hello.ko 驱动模块后显示的信息是通过串口连接到目标机上时出现的信息。

注意：如果通过 Telnet 登录到目标机上执行 insmod 加载和 rmmod 卸载 hello.ko 模块时，就看不到 printk 的信息输出，要通过 dmesg 命令才能看到 printk 打印的信息。这是因为默认 printk 的输出信息是输出到串口的，对应的设备为"/dev/console"。在内核编译时就设置 console=ttySAC0，就是将 printk 的信息显示输出到串口 0；而 telnet 登录到目标机上的输出设备为"/dev/pts/0"。

6.6 驱动程序中编写 ioctl 函数供应用程序调用

1．驱动程序与应用程序之间的区别

（1）应用程序有一个 main 主函数，从头到尾执行一个任务；驱动程序却没有 main 函数。

（2）应用程序可以和 GLIBC 库连接，因此可以包含标准的头文件，如<stdio.h>；在驱动程序中是不能使用标准 C 库的，如输出打印函数只能使用内核的 printk 函数，包含的头文件只能是内核的头文件，如<linux/module.h>。

2．字符型驱动程序

字符型驱动的标准框架如下。

① 头文件和宏定义。
② ioctl 函数：定义了供应用程序调用的 ioctl 函数的实体。
③ 结构体：将所有供应用程序调用的函数名注册在这个结构体中。
④ 初始化函数模块 hello_init：调用 register_chrdev()函数为这个驱动注册主设备号，如：
```
ret = register_chrdev(0, DEVICE_NAME, &hello_fops);
```
⑤ 退出函数模块 hello_exit：调用 unregister_chrdev()函数注销刚才申请的主设备号，如：
```
unregister_chrdev(demoMajor, DEVICE_NAME);
```
⑥ 模块说明：说明哪些函数是初始化函数；哪些函数是退出函数。

下面来看驱动程序源代码。

（1）驱动程序完整的源代码 hello_driver.c。

```c
#include <linux/kernel.h>
#include <linux/module.h>
#include <linux/fcntl.h>
#include <linux/init.h>
#include <linux/types.h>
#include <linux/fs.h>
#include <linux/errno.h>
#include <asm/system.h>

#define DEVICE_NAME "/dev/hello"
static int demoMajor =0;
static int ret =0;
```

```c
        static int hello_ioctl(struct inode *inode,struct file *filp,unsigned int cmd,unsigned long arg);

        static struct file_operations hello_fops = {
            .owner  =    THIS_MODULE,
            .ioctl  =    hello_ioctl,
        };

        static int __init arm_hello_module_init(void)
        {
            printk("Hello, arm module is installed !\n");
            ret = register_chrdev(0,DEVICE_NAME,&hello_fops);
            if(ret<0)
        printk("register failed !\n");
            else
                printk("register suceess!\n");

            printk("\t%d\n",ret);
            demoMajor = ret;
            return 0;
        }

        static void __exit arm_hello_module_cleanup(void)
        {
            printk("Good-bye, arm module was removed!\n");
            unregister_chrdev(demoMajor,DEVICE_NAME);
        }


        static int hello_ioctl(struct inode *inode,struct file *filp,unsigned int cmd,unsigned long arg)
        {
            switch(cmd)
            {
                case 0:
                printk("command 0 is running\n");
                break;
                case 1:
                printk("command 1 is running\n");
                break;
            }
            return 0;
        }

        module_init(arm_hello_module_init);
        module_exit(arm_hello_module_cleanup);
        MODULE_LICENSE("GPL");
```

(2) 对应的 makefile 文件：
```makefile
ifneq ($(KERNELRELEASE),)
    obj-m :=hello_driver.o
else
    module-objs :=hello_driver.o
#   KERNELDIR ?=/lib/modules/$(shell uname -r)/build/
    KERNELDIR ?=/opt/linux-2.6.35.7-gec-v3.0-gt110
    PWD := $(shell pwd)
modules:
    $(MAKE) -C $(KERNELDIR) M=$(PWD) modules
endif
clean:
    $(RM) *.ko *.mod.c *.mod.o *.o *.order *.symvers *.cmd
```

(3) 代码解析。

① 驱动中的结构体：
```c
static int hello_ioctl(struct inode *inode,struct file *filp,unsigned int cmd,unsigned long arg);

static struct file_operations hello_fops = {
    .owner  = THIS_MODULE,
    .ioctl  = hello_ioctl,
};
```

上面的结构体中有这样的一行：".owner = THIS_MODULE,"表示这个驱动的所有者为这个驱动模块本身。在结构体中必须把供应用程序所调用的函数登记下来，".ioctl = hello_ioctl,"这一行登记了 hello_ioctl 函数，应用程序中只需要用 ioctl 名称调用即可。

② ioctl 函数。ioctl 方法主要用于对设备进行控制的。

驱动程序中 ioctl 函数：
```c
static int hello_ioctl(struct inode *inode,struct file *filp,unsigned int cmd,unsigned long arg)
```
应用程序中是这样调用驱动里的 ioctl 函数的：
```c
ioctl(fd,0,NULL);
```

应用程序 ioctl 函数中的第一个参数文件描述符 fd，是打开设备文件的文件描述符，它对应于驱动的 inode 和 file 两个指针。第二个参数是 cmd（目前 cmd 值为 0）直接传递给驱动程序中的 cmd。第三个参数是 arg，目前应用程序中没有使用可选的参数 arg，就用 NULL 代替。

驱动程序中的 ioctl 函数一般是一个基于 switch 语句的，用户程序传递不同的 cmd 值就执行驱动中 switch 语句所对应的 cmd 值的语句。

驱动程序中 ioctl 函数如下：
```c
static int hello_ioctl(struct inode *inode,struct file *filp,unsigned int cmd,unsigned long arg)
{
    switch(cmd)
    {
        case 0:
        printk("command 0 is running\n");
```

```
            break;
        case 1:
        printk("command 1 is running\n");
            break;
    }
    return 0;
}
```

该 ioctl 函数利用 switch 语句完成一个简单的功能，当应用程序调用 ioctl(fd,0,NULL)时，即 cmd 的值为 0 时，打印"command 0 is running"信息； cmd 的值为 1 时，打印"command 1 is running"信息。

③ register_chrdev 函数。用 register_chrdev 函数可以注册一个字符型设备的主设备号，register_chrdev 函数原型如下：

```
    int register_chrdev(unsigned int major, const char*name,struct
file_operations *fops);
```

其中：第一个参数 major 是向系统申请的主设备号，如果 major 为 0，则系统会为此驱动程序动态地分配一个主设备号。第二个参数 name 是设备名，如果 register_chrdev 操作成功，设备名就会出现在"/proc/devices"文件里。第三个参数 fops 是驱动的结构体，类型为 file_operations。

在驱动程序中，主设备号的分配如下：

```
    ret=register_chrdev(0,"/dev/hello",&hello_fops);
```

其中，"/dev/hello"是这个设备文件的名称，只是为了方便将设备文件的路径作为设备文件的名称；"&hello_fops"是这个驱动结构体的入口地址。

④ unregister_chrdev 函数。用 unregister_chrdev 函数来注销字符型设备所取得的设备号，unregister_chrdev 函数原型为：

```
    int unregister_chrdev(unsigned int major, const char*name);
```

其中，major 是驱动的主设备号，name 是驱动的设备名称，major 和 name 这两个参数必须与前面传递给 register_chrdev 函数中的值保持一致，否则该调用会失败。

在驱动程序中注销语句如下：

```
    unregister_chrdev(0,"/dev/hello");
```

3．应用程序

应用程序框架如下。

（1）包含所需要的头文件。

```
    main主函数
```

（2）打开驱动程序所对应的设备文件，如：

```
    fd=open("/den/hello",O_RDWR)
```

（3）调用驱动的 ioctl 函数，如：

```
    ioctl(fd,0,NULL)
```

（4）关闭（2）中打开的设备文件，如：

```
    close(fd)
```

下面来看应用程序代码。

```
    #include <stdio.h>
    #include <stdlib.h>
```

```c
#include <unistd.h>
#include <sys/ioctl.h>

int main(int argc, char **argv)
{
    int fd;
    /*打开设备文件,因为应用程序通过这个设备文件,建立了与驱动的联系,这个返回值给fd*/
    fd = open("/dev/hello",0);
    /*若打开失败,返回值为小于0的数*/
    if (fd < 0) {
       fd = open("/dev/hello",0);
    }
    if (fd < 0) {
       perror("open device");
       exit(1);
    }
/*调用驱动里的ioctl函数,cmd参数为0,那么就执行驱动中ioctl函数对应cmd为0的语句*/
    ioctl(fd, 1,NULL);
    close(fd);    /*关闭打开的设备文件*/
    return 0;
}
```

4. 编译

编译驱动程序和应用程序,并将编译好的驱动模块"hello_driver.ko"和应用程序可执行文件"hello_test"复制到共享目录"/home/ngs"下。

```
root@ngs-lab:/mnt/hgfs/share/qudong/2- driver_test_ioctl/driver#ls
hello_driver.c  Makefile
root@ngs-lab:/mnt/hgfs/share/qudong/2- driver_test_ioctl/driver# make
make -C /opt/linux-2.6.35.7-gec-v3.0-gt110 M=/mnt/hgfs/share/qudong/2-driver_test_ioctl/driver modules
make[1]: 正在进入目录 '/opt/linux-2.6.35.7-gec-v3.0-gt110'
  CC [M]  /mnt/hgfs/share/qudong/2-driver_test_ioctl/driver/hello_driver.o
  Building modules, stage 2.
  MODPOST 1 modules
  CC      /mnt/hgfs/share/qudong/2-driver_test_ioctl/driver/hello_driver.mod.o
  LD [M]  /mnt/hgfs/share/qudong/2-driver_test_ioctl/driver/hello_driver.ko
make[1]:正在离开目录 '/opt/linux-2.6.35.7-gec-v3.0-gt110'
root@ngs-lab:/mnt/hgfs/share/qudong/2- driver_test_ioctl/driver# ls
hello_driver.mod.c  Makefile
hello_driver.c   hello_driver.mod.o  modules.order
hello_driver.ko  hello_driver.o      Module.symvers
root@ngs-lab:/mnt/hgfs/share/qudong/2- driver_test_ioctl/driver#cp hello_driver.ko /home/ngs
root@ngs-lab:/mnt/hgfs/share/qudong/2- driver_test_ioctl/driver# cd ../app
```

```
root@ngs-lab:/mnt/hgfs/share/qudong/2- driver_test_ioctl /app# ls
hello_test.c  Makefile
root@ngs-lab:/mnt/hgfs/share/qudong/2- driver_test_ioctl /app# make
arm-linux-gcc -o hello_test hello_test.c
root@ngs-lab:/mnt/hgfs/share/qudong/2- driver_test_ioctl/app# ls
hello_test  hello_test.c  Makefile
root@ngs-lab:/mnt/hgfs/share/qudong/2- driver_test_ioctl/ app#cp hello_test /home/ngs
root@ngs-lab:/mnt/hgfs/share/qudong2- driver_test_ioctl/app#
```

5. 下载与运行

运行超级终端，通过串口登录到目标机，并在目标机上挂载 nfs，加载 hello_driver.ko 驱动模块，为该驱动创建设备文件 "/dev/hello"，再运行应用程序 hello_test，得到如下信息。

```
[root@AIB 210 /]# mount -t nfs -o nolock 192.168.0.101:/home/gec /mnt
[root@AIB 210 /]# cd /mnt
[root@AIB 210 /mnt]# insmod hello_driver.ko
[  293.852112] Hello, arm module is installed !
[  293.852167] register suceess!
[  293.852195]  250
[root@AIB 210 /mnt]# mknod /dev/hello c 250 0
[root@AIB 210 /mnt]# ./hello_test
[  387.327725] command 1 is running
[root@AIB 210 /mnt]#
```

6.7 驱动程序与应用程序之间的数据交换

1. write 与 read 函数的编写

（1）在驱动程序中的 write 和 read 函数

```
ssize_t demo_write(struct filp *file,const char *buffer,size_t count,loff_t *ppos)

ssize_t demo_read(struct file *filp, char *buffer,size_t count,loff_t *ppos)
```

其中，filp 是文件指针；count 是请求传输数据的长度；buffer 是用户空间的数据缓冲区；ppos 是文件中进行操作的偏移量，这个值通常是用来判断写文件是否越界。

read 方法完成将数据从内核复制到应用程序空间，而 write 相反，将数据从应用程序空间复制到内核，如图 6.4 所示。

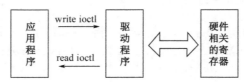

图 6.4 write 和 read 函数的调用

（2）内核函数 copy_to_user 和 copy_from_user

内核函数 copy_to_user：是将数据从驱动中复制到应用程序中，其函数原型如下：

```
unsigned long copy_to_user (void *to,const void *from,unsigned long count);
```
其中：
① 返回值等于应用程序调用的 count 参数，表明请求的数据传输成功。
② 返回值大于 0，但小于传递给 read 系统调用的 count 参数，表明部分数据传输成功，需要再次读取。
③ 返回值=0，表示到达文件的末尾。
④ 返回值为负数，表示出现错误，并且指明是何种错误。

内核函数 copy_from_user：是将数据从应用程序中复制到驱动中，其函数原型如下：
```
unsigned long copy_from_user (void *to,const void *from,unsigned long count);
```
其中：
① 返回值等于应用程序调用的 count 参数，表明请求的数据传输成功。
② 返回值大于 0，但小于传递给 write 系统调用的 count 参数，表明部分数据传输成功，需要再次读取。
③ 返回值=0，表示没有写入任何数据。需要重复调用 write。
④ 返回值为负数，表示出现错误，并且指明是何种错误。

2．内核与应用程序之间的数据交换实例

（1）驱动程序完整源代码 copy_data_driver.c：

```c
#include <linux/kernel.h>
#include <linux/module.h>
#include <linux/fcntl.h>
#include <linux/init.h>
#include <linux/types.h>
#include <linux/fs.h>
#include <linux/errno.h>
#include <asm/system.h>
#include <linux/slab.h>
#include <linux/proc_fs.h>
#include <linux/poll.h>

#define DEVICE_NAME "/dev/copy_data"

static int demoMajor =0;
static char drv_buf[5];
static char data_to_user[5];

static void do_write(void)
{
    int i;
    for(i=0;i<5;i++)
    {
        data_to_user[i]=drv_buf[i]+drv_buf[i];
    }
}
```

```c
static ssize_t demo_write(struct file *filp,char *buffer,size_t count,loff_t *ppos)
    {
        printk("write suceess!\n");
        copy_from_user(drv_buf,buffer,count);    //将数据从应用程序复制到内核
        do_write();
        return count;
    }

static ssize_t demo_read(struct file *filp,char *buffer,size_t count,loff_t *ppos)
    {
        printk("read suceess!\n");
        //do_write();
        copy_to_user(buffer,data_to_user,count);
        //将数据从内核复制到应用程序
        return count;
    }

//在驱动的结构体中定义了两个供应用程序调用的函数demo_write和demo_read
//应用程序中调用的函数demo_write和demo_read时,名称只需要用write和read
static struct file_operations arm_fops = {
        .owner =        THIS_MODULE,
        .write =        demo_write,
        .read  =        demo_read,
};

static int __init arm_module_init(void)
{
    int ret;
    printk("Hello, arm module is installed !\n");
    ret = register_chrdev(0,DEVICE_NAME,&arm_fops);
    if(ret<0)
      printk("register failed !\n");
    else
 printk("register suceess!\n");
    printk("\t%d\n",ret);
    demoMajor = ret;
    return 0;
}

static void __exit arm_module_cleanup(void)
{
    printk("Good-bye, arm module was removed!\n");
    unregister_chrdev(demoMajor,DEVICE_NAME);
```

```c
}
module_init(arm_module_init);
module_exit(arm_module_cleanup);
MODULE_LICENSE("GPL");
```

(2) 应用程序的完整源代码 copy_data_app.c：

```c
#include <stdio.h>
#include <stdlib.h>
#include <fcntl.h>
#include <unistd.h>
#include <sys/ioctl.h>

#define DEVICE_NAME  "/dev/copy_data"
void showbuf(char *buf);

int main()
{
    int fd;
    int i;
    char buf[5];
    for(i=0;i<5;i++)
    {
        buf[i]=i;
    }
    fd = open("/dev/copy_data",O_RDWR);
    if (fd < 0) {
        fd = open("/dev/copy_data",O_RDWR);
    }
    if (fd < 0) {
        perror("open device");
        exit(1);
    }

    printf("Write %d bytes data to %s\n",5,DEVICE_NAME);
    showbuf(buf);          //显示数据内容
    write(fd,buf,5);       //将数据写入内核

    printf("Read %d bytes data from %s\n",5,DEVICE_NAME);
    read(fd,buf,5);        //从内核读取处理完的数据，就是将原来的数据乘以2
    showbuf(buf);          //显示数据内容

    close(fd);
    return 0;
}
```

```c
void showbuf(char *buf)
{
    int i=0;
    for(i=0;i<5;i++)
    {
        printf("%4d",buf[i]);
    }
    printf("\n*************************************************\n");
}
```

3. 编译

编译驱动程序和应用程序，并将编译好的驱动模块 "copy_data_driver.ko" 和应用程序可执行文件 "copy_data" 复制到共享目录 "/home/ngs" 下。

4. 下载与运行

运行超级终端，通过串口登录目标机，并在目标机上挂载 nfs，加载 copy_data_driver.ko 驱动模块，为该驱动创建设备文件 "/dev/copy_data"，再运行应用程序 copy_data，得到如下信息。

```
[root@AIB 210 /]# mount -t nfs -o nolock 192.168.0.101:/home/gec /mnt
[root@AIB 210 /]# cd /mnt
[root@AIB 210 /mnt]# insmod copy_data_driver.ko
[ 2287.221210] Hello, arm module is installed !
[ 2287.221265] register suceess!
[ 2287.221293]  249
[root@AIB 210/mnt]# mknod /dev/copy_data c 249 0
[root@AIB 210 /mnt]# ./copy_data
Write 5 bytes data to /dev/copy_data[ 2383.765562] write suceess!
[ 2383.765618] read suceess!
   0   1   2   3   4
*************************************************
Read 5 bytes data from /dev/copy_data
   0   3   6   9  12
*************************************************
[root@AIB 210 /mnt]#
```

6.8 GPIO 接口控制 LED 灯

控制 LED 灯的实例由 LED 的驱动程序和应用程序两部分组成，LED 驱动程序的作用是将 LED 硬件虚拟出一个设备文件 "/dev/leds" 并且提供一些接口函数给应用程序调用，LED 应用程序通过对设备文件 "/dev/led" 的读写来控制 LED 灯的亮和灭。硬件接口、驱动程序、应用程序之间的关系如图 6.5 所示。

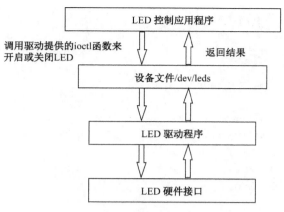

图 6.5 LED 灯控制图

1．GPIO 接口与 LED 的硬件连接

嵌入式实验箱上提供了 4 个可编程用户 LED，原理图如图 6.6 所示。GPJ2_0、GPJ2_1、GPJ2_2、GPJ2_3 四个 GPIO 接口分别与 LED1、LED2、LED3、LED4 灯相连接，当 GPJ2_0 接口输出低电平时 LED1 灯亮，当 GPJ2_0 接口输出高电平时 LED1 灯灭。其他三个 GPIO 接口相同。

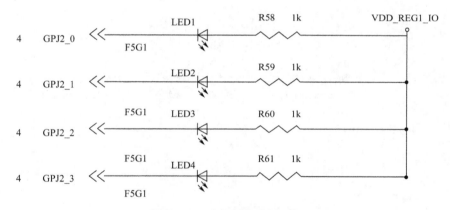

图 6.6 LED 控制电路原理图

2．LED 驱动程序

LED 驱动程序源代码 led_drv.c 如下：

```
#include <linux/kernel.h>      //内核头文件，包含常用的内核函数，如printk()
#include <linux/module.h>      //所有的模块都需要的头文件
#include <linux/miscdevice.h>
#include <linux/fs.h>          //文件表结构(file,m_inode)等定义在文件系统头文件中
#include <linux/types.h>       //定义了基本的系统数据类型
#include <linux/moduleparam.h>
#include <linux/slab.h>
#include <linux/ioctl.h>
#include <linux/cdev.h>
#include <linux/delay.h>
```

```c
#include <mach/gpio.h>
#include <mach/regs-gpio.h>
#include <plat/gpio-cfg.h>

#define DEVICE_NAME "leds"

static int led_gpios[] = {
    S5PV210_GPJ2(0),
    S5PV210_GPJ2(1),
    S5PV210_GPJ2(2),
    S5PV210_GPJ2(3),
};

#define LED_NUM     ARRAY_SIZE(led_gpios)

static long gec210_leds_ioctl(struct file *filp, unsigned int cmd,
        unsigned long arg)
{
    switch(cmd) {
        case 0:
        case 1:
            if (arg > LED_NUM) {
                return -EINVAL;
            }
            gpio_set_value(led_gpios[arg], !cmd);
            //printk(DEVICE_NAME": %d %d\n", arg, cmd);
            break;
        default:
            return -EINVAL;
    }

    return 0;
}

static struct file_operations gec210_led_dev_fops = {
    .owner          = THIS_MODULE,
    .unlocked_ioctl = gec210_leds_ioctl,
};

static struct miscdevice gec210_led_dev = {
    .minor          = MISC_DYNAMIC_MINOR,
    .name           = DEVICE_NAME,
    .fops           = &gec210_led_dev_fops,
};

static int __init gec210_led_dev_init(void) {
    int ret;
```

```
            int i;

            for (i = 0; i < LED_NUM; i++) {
                ret = gpio_request(led_gpios[i], "LED");
                if (ret) {
                    printk("%s: request GPIO %d for LED failed, ret = %d\n", DEVICE_NAME,
                            led_gpios[i], ret);
                    return ret;
                }
                s3c_gpio_cfgpin(led_gpios[i], S3C_GPIO_OUTPUT);
                gpio_set_value(led_gpios[i], 1);
            }
            ret = misc_register(&gec210_led_dev);
            printk(DEVICE_NAME"\tinitialized\n");
            return ret;
        }

        static void __exit gec210_led_dev_exit(void) {
            int i;
            for (i = 0; i < LED_NUM; i++) {
                gpio_free(led_gpios[i]);
            }
            misc_deregister(&gec210_led_dev);
        }
        module_init(gec210_led_dev_init);
        module_exit(gec210_led_dev_exit);
        MODULE_LICENSE("GPL");
        MODULE_AUTHOR("GEC Inc.");
```

程序解读：

```
    s3c_gpio_cfgpin(S5PV210_GPJ2(0),S3C_GPIO_OUTPUT);
```

设置 LED1 的 IO 脚 GPJ[0]为输出方向，s3c_gpio_cfgpin 函数是对 GPJ2CON 寄存器进行设置。

```
    gpio_set_value(S5PV210_GPJ2(0),0X1);
```

设置 LED1 为灭状态，gpio_set_value 函数是对 GPJ2DAT 寄存器进行设置。

3．LED 应用程序

LED 应用程序 led_test.c 代码如下：

```
        #include <stdio.h>
        #include <string.h>
        #include <sys/types.h>
        #include <sys/stat.h>
        #include <fcntl.h>
        #include <linux/input.h>

        #define IOCTL_LED_ON    1
        #define IOCTL_LED_OFF   0
```

```c
void usage(char *exename)
{
    printf("Usage:\n");
    printf("    %s <led_no><on/off>\n", exename);
    printf("    led_no = 1, 2\n");
}
int main(int argc, char **argv)
//argc:参数个数    argv:程序运行的命令表达式，如：led_test 1 on
{
    unsigned int led_no;
    int fd = -1;
    if (argc != 3)          //参数个数argc为3
        goto err;

    fd = open("/dev/leds", O_RDWR);   // 打开设备
    if (fd < 0) {
        printf("Can't open /dev/leds\n");
        return -1;
    }
    led_no = strtoul(argv[1], 0, 0) - 1;
    // 操作哪个LED? strtoul函数是将字符串变整数。
    // 注意：argv[0]为led_test,argv[1]为灯号，argv[2]为灯状态
    if (led_no > 3)
        goto err;

    if (!strcmp(argv[2], "on")) {
    //strcmp函数是比较两个字符串是否相同，相同，结果则为0
        ioctl(fd, IOCTL_LED_ON, led_no);    // 点亮它
    } else if (!strcmp(argv[2], "off")) {
        ioctl(fd, IOCTL_LED_OFF, led_no);   // 熄灭它
    } else {
        goto err;
    }
    close(fd);
    return 0;
err:
    if (fd > 0)
        close(fd);
    usage(argv[0]);
    return -1;
}
```

4．编译

编译驱动程序和应用程序，并将编译好的驱动模块"led_drv.ko"和应用程序可执行文件"led_test"复制到共享目录"/home/ngs"下。

5．下载与运行

运行超级终端，通过串口登录到目标机，并在目标机上挂载nfs，加载led_drv.ko驱动模块，

为该驱动创建设备文件"/dev/leds",再运行应用程序 led_test,得到如下信息。

```
[root@AIB 210 /mnt]# insmod led_drv.ko
[ 166.396018] leds     initialized
[root@AIB 210 /mnt]# mknod /dev/leds c 250 0
[root@AIB 210 /mnt]# ./led_test 1 on
[root@AIB 2100 /mnt]# ./led_test 2 on
```

注意:应用程序运行格式:"./led_test 灯号灯状态"。例如,"./led_test 1 on"实现目标机中 LED1 点亮。

6.9 GPIO 接口控制按键

1. GPIO 接口与按键的硬件连接

嵌入式实验箱上提供了 8 个用户测试用的按键,原理图如图 6.7 所示。它们均从 CPU 中断引脚直接引出,属于低电平触发,8 个按键的定义如表 6.1 所示。

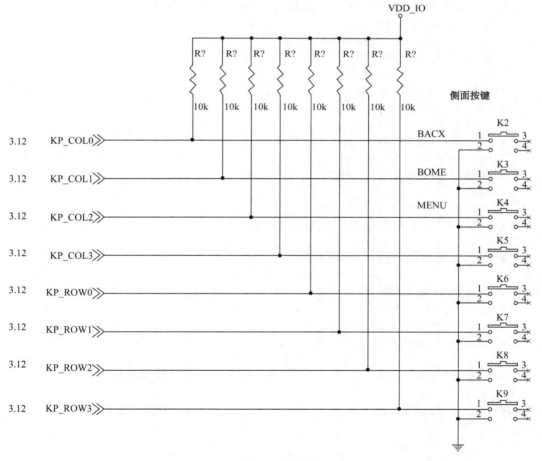

图 6.7 按键电路原理图

表 6.1 按键所对应的 GPIO 引脚

按键	K2	K3	K4	K5	K6	K7	K8	K9
GPIO	GPH2_0	GPH2_1	GPH2_2	GPH2_3	GPH3_0	GPH3_1	GPH3_2	GPH3_3
中断	EINT16	EINT17	EINT18	EINT19	EINT24	EINT25	EINT26	EINT27

说明：
1. J22 中也包含了 K2~K8 按键所对应的资源。
2. 各个引脚和 CPU 的连接关系，请以原理图为准，此处定义标称仅供参考。

2．按键的驱动程序

按键的驱动程序设计有以下两种方案。

方案一：处理器不断查询是否有按键按下（通过读 I/O 端口数据寄存器），如果有按键按下，执行相应的操作；否则继续查询。

方案二：当没有按键按下时，CPU 不理睬；当有按键按下时则产生一个外部中断通知 CPU，CPU 停下正在处理的工作，执行按键的中断处理程序，判断哪个按键被按下，并执行相应的操作。中断处理结束之后，再回来继续原来的工作。

下面的按键驱动程序采用方案二，其源代码 buttons_drv.c 如下：

```c
#include <linux/module.h>
#include <linux/kernel.h>
#include <linux/fs.h>
#include <linux/init.h>
#include <linux/delay.h>
#include <linux/poll.h>
#include <linux/irq.h>
#include <asm/irq.h>
#include <asm/io.h>
#include <linux/interrupt.h>
#include <asm/uaccess.h>
#include <mach/hardware.h>
#include <linux/platform_device.h>
#include <linux/cdev.h>
#include <linux/miscdevice.h>

#include <mach/map.h>
#include <mach/gpio.h>
#include <mach/regs-clock.h>
#include <mach/regs-gpio.h>

#define DEVICE_NAME            "buttons"       //设备名称

struct button_desc {                           //按键中断结构体
    int gpio;
    int number;
    char *name;
    struct timer_list timer;                   //创建内核定时器
};
```

```c
static struct button_desc buttons[] = {          //引脚，按键号，按键名称
    { S5PV210_GPH2(0), 0, "KEY0" },
    { S5PV210_GPH2(1), 1, "KEY1" },
    { S5PV210_GPH2(2), 2, "KEY2" },
    { S5PV210_GPH2(3), 3, "KEY3" },
    { S5PV210_GPH3(0), 4, "KEY4" },
    { S5PV210_GPH3(1), 5, "KEY5" },
    { S5PV210_GPH3(2), 6, "KEY6" },
    { S5PV210_GPH3(3), 7, "KEY7" },
};

static volatile char key_values[] = {
    '0', '0', '0', '0', '0', '0', '0', '0'
};                                  //按键状态初始值，按键开始都是弹出状态，初始值为0

static DECLARE_WAIT_QUEUE_HEAD(button_waitq);   //声明一个等待队列，并初始化

static volatile int ev_press = 0;               //按键事件初始值为0

static void gec210_buttons_timer(unsigned long _data)
{
    struct button_desc *bdata = (struct button_desc *)_data;
    //读取中断设备信息
    int down;
    int number;
    unsigned tmp;

    tmp = gpio_get_value(bdata->gpio);
    //读取中断引脚（按键）状态值，当按键按下时，tmp为0；当按键弹出时，tmp为1

    /* active low */
    down = !tmp;
    //注意：程序中按键按下，按键值为1；按键弹出时，按键值为0，故这里要取非
    printk("KEY %d: %08x\n", bdata->number, down);

    number = bdata->number;
    if (down != (key_values[number] & 1)) {  // Changed
    //如果按键当前状态与之前存储的状态不同，即发生改变
        key_values[number] = '0' + down;
            // 将当前的按键值存储到key_values数组对应的值

        ev_press = 1;   //设置按键事件值为1，表示发生中断按键事件
        wake_up_interruptible(&button_waitq);
            //唤醒注册到等待队列上的进程
    }
}
```

```c
static irqreturn_t button_interrupt(int irq, void *dev_id)
//中断处理函数
{
    struct button_desc *bdata = (struct button_desc *)dev_id;
    //读取中断设备信息

    mod_timer(&bdata->timer, jiffies + msecs_to_jiffies(40));
    //定时器被激活，设置新的定时值

    return IRQ_HANDLED; //  return 1
}

static int gec210_buttons_open(struct inode *inode, struct file *file)
{
    int irq;
    int i;
    int err = 0;

    for (i = 0; i < ARRAY_SIZE(buttons); i++) {
        if (!buttons[i].gpio)
            continue;

        setup_timer(&buttons[i].timer, gec210_buttons_timer,
                (unsigned long)&buttons[i]); //设置定时器

        irq = gpio_to_irq(buttons[i].gpio);    //GPIO脚设置为中断功能
        err = request_irq(irq, button_interrupt, IRQ_TYPE_EDGE_BOTH,
                buttons[i].name, (void *)&buttons[i]);
                //注册中断，中断类型为双边沿触发
        if (err)
            break;
    }

    if (err) {      //如果IRQ中断发生错误，则释放IRQ中断
        i--;
        for (; i >= 0; i--) {
            if (!buttons[i].gpio)
                continue;

            irq = gpio_to_irq(buttons[i].gpio);
            disable_irq(irq);                        //禁止中断
            free_irq(irq, (void *)&buttons[i]);      //释放中断

            del_timer_sync(&buttons[i].timer);       //清除计时器
        }
```

```c
            return -EBUSY;
    }

    ev_press = 1;    //设置按键事件值为1，表示发生中断按键事件
    return 0;
}

static int gec210_buttons_close(struct inode *inode, struct file *file)
{
    int irq, i;

    for (i = 0; i < ARRAY_SIZE(buttons); i++) {
        if (!buttons[i].gpio)
            continue;

        irq = gpio_to_irq(buttons[i].gpio);
        free_irq(irq, (void *)&buttons[i]);

        del_timer_sync(&buttons[i].timer);    //停止定时器
    }

    return 0;
}

static int gec210_buttons_read(struct file *filp, char __user *buff,
        size_t count, loff_t *offp)
{
    unsigned long err;

    if (!ev_press) {                    //若ev_press=0，则说明当前没有按键事件
        if (filp->f_flags & O_NONBLOCK)
            return -EAGAIN;    //如果当前驱动被其他程序占用，返回-EAGAIN
        else
            wait_event_interruptible(button_waitq, ev_press);
                            //若未被占用，则等待按键中断
    }

    ev_press = 0;                //对ev_press清0

    err = copy_to_user((void *)buff, (const void *)(&key_values),
            min(sizeof(key_values), count));
                    //8个按键的状态值返回到用户空间

    return err ? -EFAULT : min(sizeof(key_values), count);
    //是否出现错误，若没有返回读取按键个数
}
```

```c
static unsigned int gec210_buttons_poll( struct file *file,
        struct poll_table_struct *wait)
{
    unsigned int mask = 0;

    poll_wait(file, &button_waitq, wait);    //查询有无按键中断
    if (ev_press)                            //是否有按键事件
        mask |= POLLIN | POLLRDNORM;

    return mask;
}

static struct file_operations dev_fops = {
    .owner      = THIS_MODULE,
    .open       = gec210_buttons_open,
    .release    = gec210_buttons_close,
    .read       = gec210_buttons_read,
    .poll       = gec210_buttons_poll,
};

static struct miscdevice misc = {
    .minor      = MISC_DYNAMIC_MINOR,
    .name       = DEVICE_NAME,
    .fops       = &dev_fops,
};

static int __init button_dev_init(void)
{
    int ret;

    ret = misc_register(&misc);

    printk(DEVICE_NAME"\tinitialized\n");

    return ret;
}

static void __exit button_dev_exit(void)
{
    misc_deregister(&misc);
}

module_init(button_dev_init);
module_exit(button_dev_exit);

MODULE_LICENSE("GPL");
MODULE_AUTHOR("GEC Inc.");
```

3. 按键的应用程序

按键应用程序 button.c 代码如下:

```c
#include <stdio.h>
#include <stdlib.h>
#include <unistd.h>
#include <sys/ioctl.h>
#include <sys/types.h>
#include <sys/stat.h>
#include <fcntl.h>
#include <sys/select.h>
#include <sys/time.h>
#include <errno.h>

#define  ARRY_SIZE(x) (sizeof(x)/sizeof(x[0]))

int main(int argc , char **argv)
{
    int button_fd ;      //定义按键驱动句柄
    char current_button_value[8]={0}; //板载8个按键 key0-7
    char prior_button_value[8]={0};    //用于保存按键的前键值

    button_fd = open("/dev/buttons",O_RDONLY);
    if(button_fd <0){
        perror("open device :");
        exit(1);
    }

    while(1){
        int i ;
        //使用read接口调用buttons按键驱动,其中buttons_fd为驱动句柄, current_button_value为当前按键状态,sizeof(current_buttons)为读数据的长度(计算为8)
        //调用按键驱动、读取按键状态,把当前8个按键状态值写入current_button_value中,判断读取按键操作是否正确,若read的返回值不等于8,则读取错误
        if (read(button_fd, current_button_value, sizeof(current_button_value)) != sizeof(current_button_value)) {
            perror("read buttons:");     //驱动读取失败则退出
            exit(1);
        }

        for(i = 0;i < ARRY_SIZE(current_button_value);i++){
            if(prior_button_value[i] != current_button_value[i]){
            //判断当前获得的键值与上一键值是否一致,以判断按键有没有被按下或者释放
                prior_button_value[i] = current_button_value[i];

                switch(i){
                    case 0:
                        printf("BACK \t%s\n",current_button_value[i]=='0'?"Release":"Pressed");
```

```
                                break;
                        case 1:
                                printf("HOME \t%s\n",current_button_value[i]=='0'?
"Release":"Pressed");
                                break;
                        case 2:
                                printf("MENU \t%s\n",current_button_value[i]=='0'?
"Release":"Pressed");
                                break;
                        case 3:
                                printf("UP \t%s\n",current_button_value[i]=='0'?
"Release":"Pressed");
                                break;
                        case 4:
                                printf("DOWN \t%s\n",current_button_value[i]=='0'?
"Release":"Pressed");
                                break;
                        case 5:
     printf("ENTER\t%s\n",current_button_value[i]=='0'?"Release":"Pressed");
                                break;
                        case 6:
     printf("LEFT\t%s\n",current_button_value[i]=='0'?"Release":"Pressed");
                                break;
                        case 7:
                                printf("RIGHT \t%s\n",current_button_value[i]==
'0'?"Release":"Pressed");
                                break;
                        default:
                                printf("\n");
                                break;
                }
            }
        }

    }
    return 0;
}
```

4．编译

编译驱动程序和应用程序，并将编译好的驱动模块"buttons_drv.ko"和应用程序可执行文件"button"复制到共享目录"/home/ngs"下。

5．下载与运行

运行超级终端，通过串口登录到目标机，并在目标机上挂载 nfs，加载 button_drv.ko 驱动模块，为该驱动创建设备文件"/dev/buttons"，再运行应用程序 button，运行结果如下。

（1）按键没按下，运行结果如图 6.8 所示。

（2）按键 0 按下，运行结果如图 6.9 所示。

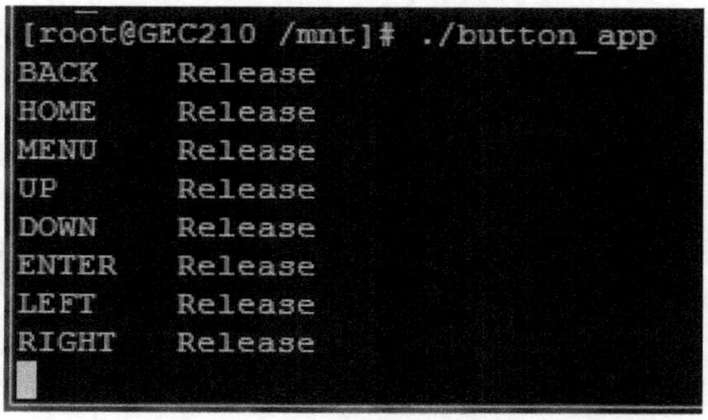

```
[root@GEC210 /mnt]# ./button_app
BACK     Release
HOME     Release
MENU     Release
UP       Release
DOWN     Release
ENTER    Release
LEFT     Release
RIGHT    Release
```

图 6.8　按键没按下

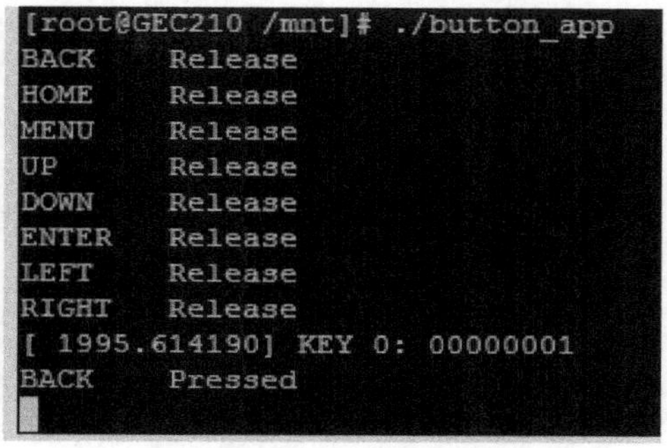

```
[root@GEC210 /mnt]# ./button_app
BACK     Release
HOME     Release
MENU     Release
UP       Release
DOWN     Release
ENTER    Release
LEFT     Release
RIGHT    Release
[ 1995.614190] KEY 0: 00000001
BACK     Pressed
```

图 6.9　按键 0 按下

（3）按键 0 弹出，运行结果如图 6.10 所示。

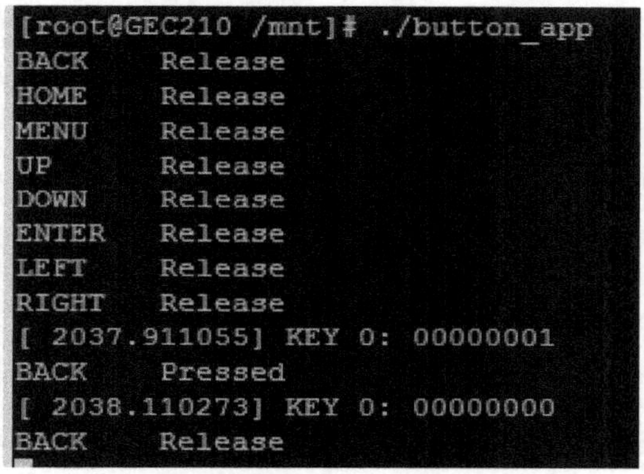

```
[root@GEC210 /mnt]# ./button_app
BACK     Release
HOME     Release
MENU     Release
UP       Release
DOWN     Release
ENTER    Release
LEFT     Release
RIGHT    Release
[ 2037.911055] KEY 0: 00000001
BACK     Pressed
[ 2038.110273] KEY 0: 00000000
BACK     Release
```

图 6.10　按键 0 弹出

6. 练习

修改按键应用程序 button.c，结合 LED 应用程序 led_test.c，实现按键 K0 控制 LED1 亮灭、按键 K1 控制 LED2 亮灭、按键 K2 控制 LED3 亮灭、按键 K3 控制 LED4 亮灭。

注意：运行该应用程序前，要先加载 LED 驱动和按键驱动。

本章小结

本章介绍了 Linux 设备驱动的基础知识，主要介绍了字符型驱动的开发，并通过简单的字符设备驱动开发、驱动程序中编写 ioctl 函数供应用程序调用、驱动程序与应用程序之间的数据交换、GPIO 接口控制 LED 灯、GPIO 接口控制按键 5 个任务由浅到深、由易到难的步骤逐步深入讲解和操作运行。本章的内核驱动模块开发是开发设备驱动的基础，因此必须掌握。

第 7 章

嵌入式数据库 SQLite 移植

嵌入式数据库主要有 SQLite、Birkeley DB、Firebird、SQL CE。Birkeley DB 不支持 SQL 语言，Firebird 的体积较大，微软的 SQL CE 运行速度慢。SQLite 只需要几百 KB 的内存，并且处理速度非常快，因此 SQLite 数据库是嵌入式数据库的首选。

SQLite 是一款轻型的数据库，它的设计目标是嵌入式系统，而且目前已经在很多嵌入式产品中使用，它占用资源非常低，只需要几百 KB 的内存就够了。SQLite 支持 Windows/Linux/UNIX 等主流的操作系统，同时能够跟很多程序语言相结合，如 TCL、C#、PHP 和 Java 等，还有 ODBC 接口。SQLite 第一个 Alpha 版本诞生于 2000 年 5 月，SQLite 的官方网站为 http://www.sqlite.org/。

7.1 SQLite 支持的 SQL 语言

SQLite 支持大部分 SQL 语句，包括创建索引、创建表、创建视图、创建虚表、删除表、删除索引、删除视图、修改表等。

7.1.1 数据定义语句

下面给出 SQL 标准中的数据定义语句种类，并且在括号中指明 SQLite 是否支持该语句，同时通过实例给出所支持语句的使用方法。

① ALTER DATABASE 语法（不支持）。
② ALTER TABLE 语法（支持），用于更改原有表的结构。
③ CREATE DATABASE 语法（不支持）。
④ CREATE INDEX 语法（支持），用于创建索引。
⑤ CREATE TABLE 语法（支持），用于创建表。
⑥ DROP DATABASE 语法（不支持）。
⑦ DROP INDEX 语法（支持），用于删除索引。
⑧ DROP TABLE 语法（支持），用于删除表。
⑨ RENAME TABLE 语法（不支持）。

下面通过实例说明以上语法。
（1）创建表 student，该表包含 4 个列 id、name、sex 和 age。

```
create table student(id,name,sex,age);
```

（2）修改表 student，在表中增加一个列 address。
```
alter table student add address;
```
（3）创建索引 index_id，索引是根据表 student 的列 id 进行创建。
```
create index index_id on student (id);
```
（4）删除表中的索引 index_id，在 SQLite 数据库中索引不能重名，表中只能有一个名字为 index_id 的索引。删除的时候不需要指定是哪个表的索引。
```
drop index index_id;
```

7.1.2 数据操作语句

下面给出 SQL 标准中的数据操作语句种类，并且在括号中指明 SQLite 是否支持该语句。同时通过实例给出所支持语句的使用方法。

① DELETE 语法（支持）。
② DO 语法（不支持）。
③ HANDLER 语法（不支持）。
④ INSERT 语法（支持）。
⑤ LOAD DATA INFILE 语法（不支持）。
⑥ REPLACE 语法（支持）。
⑦ SELECT 语法（支持）。
⑧ Subquery 语法（不支持）。
⑨ TRUNCATE 语法（不支持）。
⑩ UPDATE 语法（支持）。

DELETE 语法，删除表中的一条或多条记录。INSERT 语法，向表中插入一条记录。
```
delete from student where id=1;
```
DELETE 命令用于从表中删除记录。命令包含 DELETE FROM 关键字及需要删除的记录所在的表名。若不使用 WHERE 子句，表中的所有行将全部被删除。否则仅删除符合条件的行。本句删除 id 为 1 的行。
```
insert into student values(11,'DaSun','M',20,'beijing');
```
本句向表 student 中插入 id 字段为 11，name 字段为 DaSun，sex 字段为 M，age 字段为 20，address 字段为 beijing 的行。
```
select * from student;
```
select 语句从表 student 中查询所有项。
```
update student set age=24 where age-20;
```
update 语句更新所有字段 age 为 20 的值，将其更新为 24。

如果要对 SQLite 的各种语法进行更深入的学习，可以参考 SQLite 的文档或者其他资料，本章的重点不是 SQL 语句。

7.2 SQLite 数据库编译、安装和使用

SQLite 的安装过程比较简单，使用 SQLite 官方提供的混合安装包可以非常简便地安装到系统中。

7.2.1 安装 SQLite

安装 SQLite 的过程比较简单，下面列出安装数据库 SQLite 的详细过程及安装过程中使用的命令。

（1）从数据库 SQLite 的官网上下载源码包"sqlite-autoconf-3080701.tar.gz"，并将"sqlite-autoconf-3080701.tar.gz"复制到"/opt"目录下。

（2）解压 sqlite-autoconf-3080701.tar.gz。
```
#tar xvzf sqlite-autoconf-3080701.tar.gz
```
（3）新建一个安装目录"/opt/sqlite_x86"。
```
#mkdir /opt/sqlite_x86
```
（4）进入解压目录"/opt/sqlite-autoconf-3080701"配置 SQLite，执行 configure 命令生成 Makefile 文件。
```
# cd   /opt/sqlite-autoconf-3080701
# ./configure -prefix=/opt/sqlite_x86
```
（5）执行 make 安装 SQLite。
```
# make
```
（6）执行 make install 将 SQLite 安装在"/opt/sqlite_x86"路径下
```
# make install
```
（7）安装完成后，进入"/opt/sqlite_x86"目录查看安装文件
```
# cd /opt/sqlite_x86
# ls
bin   include   lib    share
# cd  bin
# ls
sqlite3
```
（8）安装完成后，可删除安装目录下的临时文件
```
#rm -rf /opt/sqlite-autoconf-3080701
```

7.2.2 利用 SQL 语句操作 SQLite 数据库

SQLite 安装完成后对 SQLite 进行测试，根据前面列出的 SQL 语句对 SQLite 支持的 SQL 语句进行测试。进入安装目录"/opt/sqlite_x86/bin"测试工具 sqlite3。
```
# cd   / opt/sqlite_x86/bin
#./sqlite3  test.db        （创建test.db数据库）
```
创建数据库会出现下面的提示信息：
```
SQLite version 3.8.0.1 2014-09-10 12:50:02
Enter ".help" for instructions
Enter SQL statements terminated with a ";"
```

执行"./sqlite3 testdb.db"后出现 SQLite 版本信息，并且提示用户输入 SQL 语句。创建学生表及插入数据的 SQL 语句，如图 7.1 所示。

显示结果如图 7.2 所示。

以下为更新表的操作，将学生表中 age=20 的项更新为 age=24，如图 7.3 所示。

以上更新表后操作的结果如图 7.4 所示。

```
sqlite> create table student(id,name,sex,age);
sqlite> insert into student values(1,'Jack','M',20);
sqlite> insert into student values(2,'Tom','M',21);
sqlite> insert into student values(3,'Mary','M',19);
sqlite> select *from student;
```

图 7.1 创建学生表及插入数据的 SQL 语句

```
1|Jack|M|20
2|Tom|M|21
3|Mary|M|19
```

图 7.2 学生表的内容

```
sqlite> update student set age=24 where age=20;
sqlite> select *from student;
```

图 7.3 更新表

```
1|Jack|M|24
2|Tom|M|21
3|Mary|M|19
```

图 7.4 更新后学生表的内容

执行完对数据库的操作后，使用".quit"命令退出数据库。

```
sqlite> .quit
```

7.2.3 利用 C 接口访问 SQLite 数据库

SQLite 为 C 语言提供的支持库位于安装目录下，通过提供的 C 接口可以对 SQLite 数据库进行操作。下面例程演示如何调用接口函数进行访问数据库。

sqlite_test.c 源代码如下：

```c
#include <stdio.h>
#include <stdlib.h>
#include <sqlite3.h>

int main(void)
{
    sqlite3 *db=NULL;
    char *zErrMsg=0;
    int rc;
    int i=0;

    rc=sqlite3_open("sqlite_test.db",&db);
    // 打开指定的数据库文件，如果不存在将创建一个同名的数据库文件
    if(rc)
    {
        fprintf(stderr,"Cant't open database:%s\n",sqlite3_errmsg(db));
        sqlite3_close(db);
        exit(1);
    }
    else
        printf("opened database sqlite_test.db successfully!\n");

    //创建一个表，如果该表存在，则不创建，并给出提示信息，存储在zErrMsg中
    char *sql="create table student(id,name,sex,age);";
    sqlite3_exec(db,sql,0,0,&zErrMsg);

    //往student表中插入3条记录
```

```c
sql="insert into student values(1,'Jack','M',20);";
sqlite3_exec(db,sql,0,0,&zErrMsg);
sql="insert into student values(2,'Tom','M',21);";
sqlite3_exec(db,sql,0,0,&zErrMsg);
sql="insert into student values(3,'Mary','w',19);";
sqlite3_exec(db,sql,0,0,&zErrMsg);

//查询结果
sql="select * from student;";
sqlite3_exec(db,sql,0,0,&zErrMsg);

//查询数据
int nrow=0,ncolumn=0;
char **fristResult;           //二维数组存放结果

sql="select * from student;";
printf("\n");
sqlite3_get_table(db,sql,&fristResult,&nrow,&ncolumn,&zErrMsg);
//打印查询结果
printf("row:%d column=%d \n",nrow,ncolumn);
printf("\nThe result of querying is : \n");

for(i=0;i<(nrow+1)*ncolumn;i++)
printf("fristResult[%d]=%s\n",i,fristResult[i]);

sqlite3_free_table(fristResult);      //释放fristResult的内存空间

sql="update student set age=24 where age=20;";    //修改记录
printf("\n");
sqlite3_exec(db,sql,0,0,&zErrMsg);

nrow=0;
ncolumn=0;
char **secondResult;
//查询数据
sql="select * from student;";
sqlite3_get_table(db,sql,&secondResult,&nrow,&ncolumn,&zErrMsg);

printf("row:%d column=%d \n",nrow,ncolumn);
printf("\nThe result of querying is : \n");

for(i=0;i<(nrow+1)*ncolumn;i++)
printf("secondResult[%d]=%s\n",i,secondResult[i]);

sqlite3_free_table(secondResult);       //释放secondResult的内存空间

printf("\n");
```

```
            sqlite3_close(db);           //关闭数据库
            return 0;
    }
```
编译程序命令如下：
```
    #gcc -o sqlite_test -I /opt/sqlite_x86/include -L /opt/sqlite_x86/lib
sqlite_test.c  -lsqlite3 -static  -lpthread  -ldl
```
编译命令说明：
```
    gcc                                  //指定编译器
    -o sqlite_test                       //输出文件名
    -I /opt/sqlite_x86/include           //指定头文件路径
    -L /opt/sqlite_x86/lib               //指定库文件路径
    sqlite_test.c//源文件
    -lsqlite3  -static  -lpthread  -ldl
    //指定库名字为libpthread和libsqlite3，且为静态方式编译
```
执行编译命令会生成可执行文件 sqlite_test，运行可执行文件。
```
    #./sqlite_test
```
运行结果如图 7.5 所示。

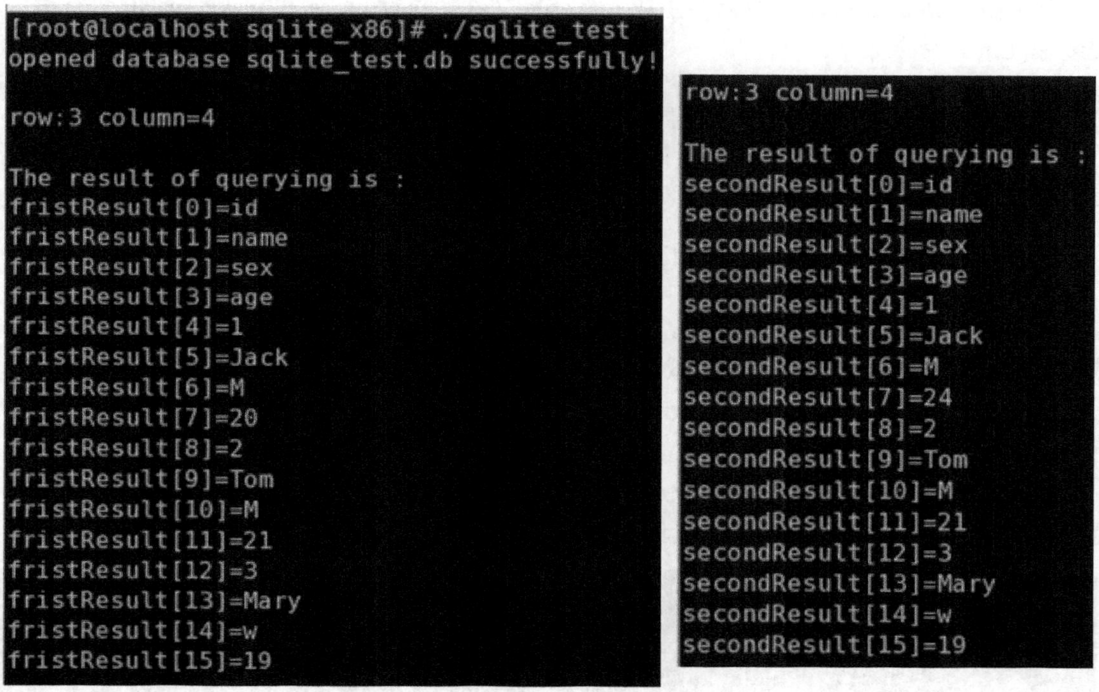

图 7.5　程序运行结果

7.3　移植 SQLite

  移植 SQLite 的过程主要有：交叉编译数据库工具和库文件，编译应用程序，移植编译好的库文件和应用程序到目标机，运行结果。

7.3.1 交叉编译 SQLite

为了与 X86 安装相区别，首先建立安装文件的目录 sqlite_arm，将交叉编译好的库文件和工具安装在此目录下。

（1）在"/opt"目录下建立 sqlite_arm 目录，命令如下：
```
#mkdir /opt/sqlite_arm
```
（2）配置交叉编译、安装参数，包括设置安装目录，目标主机为 arm-linux。配置命令如下：
```
# cd /opt/sqlite-autoconf-3080701
#./configure CC=arm-linux-gcc --prefix=/opt/sqlite_arm --disable-tcl --host=arm-linux
```
（3）修改 makefile 第 168 行中"sqlite\ 3.8.7.1"改为"sqlite_3.8.7.1"，如图 7.6 所示。

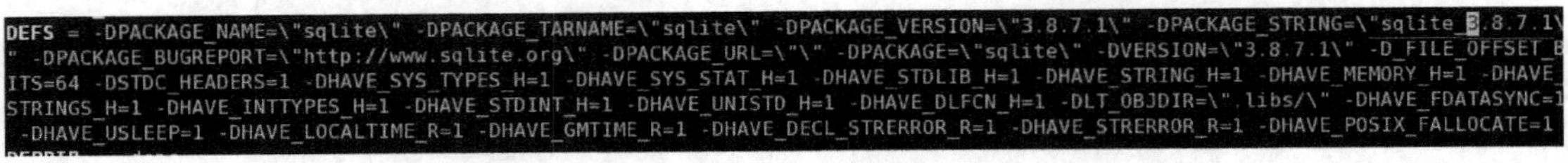

```
DEFS = -DPACKAGE_NAME=\"sqlite\" -DPACKAGE_TARNAME=\"sqlite\" -DPACKAGE_VERSION=\"3.8.7.1\" -DPACKAGE_STRING=\"sqlite_3.8.7.1\" -DPACKAGE_BUGREPORT=\"http://www.sqlite.org\" -DPACKAGE_URL=\"\" -DPACKAGE=\"sqlite\" -DVERSION=\"3.8.7.1\" -D_FILE_OFFSET_B ITS=64 -DSTDC_HEADERS=1 -DHAVE_SYS_TYPES_H=1 -DHAVE_SYS_STAT_H=1 -DHAVE_STDLIB_H=1 -DHAVE_STRING_H=1 -DHAVE_MEMORY_H=1 -DHAVE_STRINGS_H=1 -DHAVE_INTTYPES_H=1 -DHAVE_STDINT_H=1 -DHAVE_UNISTD_H=1 -DHAVE_DLFCN_H=1 -DLT_OBJDIR=\".libs/\" -DHAVE_FDATASYNC=1 -DHAVE_USLEEP=1 -DHAVE_LOCALTIME_R=1 -DHAVE_GMTIME_R=1 -DHAVE_DECL_STRERROR_R=1 -DHAVE_STRERROR_R=1 -DHAVE_POSIX_FALLOCATE=1
```

图 7.6 修改 makefile 文件

（4）执行完 configure 命令后会生成 makefile 文件。执行 make 和 make install 进行编译和安装 SQLite。命令如下：
```
#make
#make install
```
安装完成后同样会在 sqlite_arm 目录下生成 include、lib、bin 和 share 4 个目录。在 bin 中有工具 SQLite3，在 lib 和 include 下对应生成库文件和头文件。

7.3.2 测试已移植的 SQLite3

为了在目标机上运行 SQL 语句，应该测试工具 SQLite3 能否正确运行。使用"./sqlite3"或者"./sqlite3 test.db"命令进行测试。

（1）文件移植：将/opt/sqlite_arm/bin 下的 sqlite3 文件和 /opt/sqlite_arm/lib 目录放到目标机上。

（2）设置环境变量，假设把库文件所在目录（即/opt/sqlite_arm/lib 中的 lib 目录）放在目标机上的"/mnt"目录下，这里设置环境如图 7.7 所示。

```
[root@FriendlyARM /mnt]# export LD_LIBRARY_PATH=/mnt/lib:$LD_LIBRARY_PATH
[root@FriendlyARM /mnt]# ./sqlite3 testdb.db
SQLite version 3.8.7.1 2014-10-29 13:59:56
Enter ".help" for usage hints.
sqlite>
```

图 7.7 设置环境变量

或者上面步骤（1）和步骤（2）改为：将"/opt/sqlite_arm/lib"下的 libsqlite3.so、libsqlite3.so.0、libsqlite3.so.0.8.6 3 个文件复制到目标机中根目录下 lib 中；同时将编译时产生的 sqlite3（/opt/sqlite_arm/bin 目录下）复制到目标机中根目录下的 bin 中，这个文件可以作为一个命令，使用它可以创建数据库、创建表、插入数据等操作。

（3）创建数据库 test.db：
```
#./sqlite3 test.db
```
（4）以下 SQL 语句为创建教师表以及插入数据；再更新教师表，将 age=40 的项更新为 age=44；最后退出 SQLite3 时使用".quit"，如图 7.8 所示。

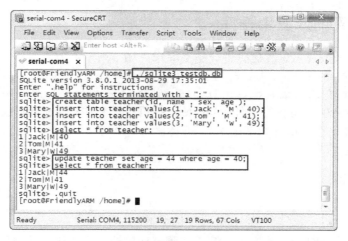

图 7.8　测试 SQLite3 工具

注意：将 SQLite 数据库移植到目标机中测试时，可能会遇到以下问题。
① 输入 SQL 语句后，忘记输入分号，则出现如图 7.9 所示的情况。

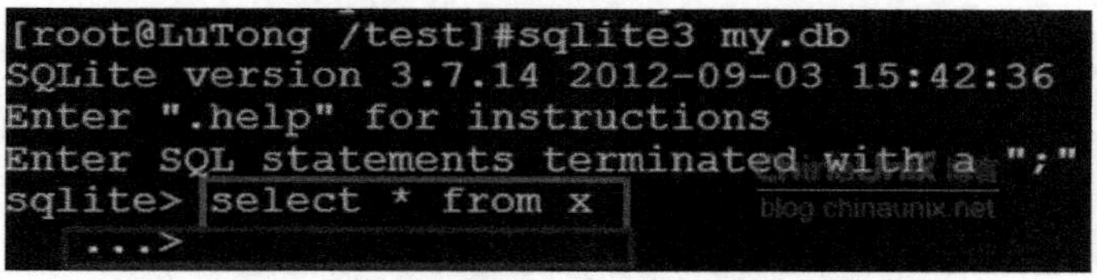

图 7.9　忘记输入分号

这时在蓝色框所在行输入分号即可。其他详见".help"使用时如遇以下问题按文档所示操作即可解决。
② 输入 SQL 语句时不小心输出了，使用 BackSpace 键进行删除，则出现如图 7.10 所示的情况。

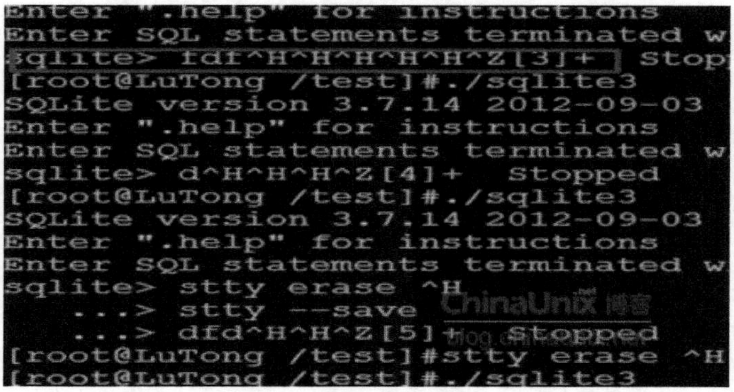

图 7.10　使用 BackSpace 键后出现的异常

如图 7.10 中框住的问题，即输入字符后使用 BackSpace 键进行清除时不能进行清除操作。解决办法是结束 SQLite 程序（移植时 SQLite 自动生成一个可执行文件），然后在超级终端输入"stty erase ^H"即可。

```
[root@AIB 210 /mnt]# stty erase ^H
```

7.3.3 交叉编译应用程序

对 7.2.3 节的 sqlite_test.c 源代码进行交叉编译，如下所示：

```
#arm-linux-gcc -o sqlite_test -I/opt/sqlite_arm/include -L/opt/sqlite_arm/lib sqlite_test.c  -lsqlite3 -static -lpthread -ldl
```

执行编译命令会生成可执行文件 sqlite_test，把可执行文件 sqlite_test 放到 ARM 板上运行，运行结果与在 X86 平台上运行的（图 7.5）一样。

```
#./sqlite_test
```

本章小结

本章主要介绍了 SQLite 的安装、编译、测试和移植。如果嵌入式系统中数据库不需要为多种语言（如 Java、C#等）提供接口，可以采用 SQLite 作为嵌入式数据库。SQLite 作为数据库可方便使用 SQL 对数据库进行维护。

第8章

嵌入式 Web 服务器 BOA 移植

早期的嵌入式设备维护的人机接口界面基本采用 C/S 模式，这种方式需要客户端安装特定的客户端程序，当维护界面升级后还需要向客户端发布新的安装程序或者补丁。而采用 B/S 方式就不需要制作特定平台的客户端安装程序，也不需要因更新版本而向客户发布新的版本或补丁。

BOA 是一款单任务的 Web 服务器，将 BOA 移植到嵌入式设备就能通过网络来维护设备，同时不需要关心操作系统和硬件平台，只需要终端设备安装浏览器。

8.1 BOA 概述

BOA 是一个单任务 HTTP 服务器，与其他 Web 服务器（IIS、Apache、WebLogic、WebSphere、Tomcat、JBoss 等）相比，不同之处是当有连接请求到来时，它既不是为每个连接都单独创建进程，也不是采用复制自身进程处理多链接，而是通过建立 HTTP 请求列表来处理多路 HTTP 连接请求。

同时，它只为 CGI 程序创建新的进程，在很大程度上节省了系统资源，这对资源受限的嵌入式系统来说至关重要。它还具有自动生成目录、自动解压文件等功能，因此，BOA 具有很高的 THHP 请求处理速度和效率，应用在嵌入式系统中具有很高的价值。

8.1.1 BOA 的功能

嵌入式 Web 服务器 BOA 完成的功能包括接收客户端请求、分析请求、响应请求、向客户端返回请求处理的结果等。BOA 的工作流程如下。

（1）修正 BOA 服务器的根目录。
（2）读配置文件（boa.conf）。
（3）写日志文件。
（4）初始化 Web 服务器，包括创建环境变量、创建 TCP 套接字、绑定端口、开始侦听、进入循环结构，以及等待和接收客户的连接请求。
（5）当有客户端连接请求到达时，Web 服务器负责接收客户端请求，并保存相关请求信息。
（6）收到客户端的连接请求之后，Web 服务器分析客户端请求，并保存相关请求信息。
（7）Web 服务器处理完客户端的请求后，向客户端发送响应信息，最后关闭与客户机的

TCP 连接。

8.1.2　BOA 的流程分析

通过查看 src/boa.c 文件中的 main()函数了解 BOA 的整个工作流程。下面将通过源码介绍 BOA 的主要工作流程。

1. 修正 BOA 服务器的根目录

函数 fixup_server_root()判断 Web 服务器的根目录是否有效。如果 Web 服务器的根目录有效则指定根目录，否则打印错误信息并退出程序。该函数在 boa.c 文件中。

```c
static void fixup_server_root()
{
    char *dirbuf;

    if (!server_root) {            //如果没有指定根目录
#ifdef SERVER_ROOT                 //该宏在defines.h中被定义为"/etc/boa"
        server_root = strdup(SERVER_ROOT);
//函数strdup()功能为对参数目录字符串复制到新分配的字符指针，并将该指针作为返回值返回
        if (!server_root) {
            perror("strdup (SERVER_ROOT)");
            //分配空间和复制失败则打印信息并退出
            exit(1);
        }
#else    //如果没有在defines.h中定义为"/etc/boa"，则打印提示信息，并退出程序
        fputs("boa: don't know where server root is.  Please #define "
              "SERVER_ROOT in boa.h\n"
              "and recompile, or use the -c command line option to "
              "specify it.\n", stderr);
        exit(1);
#endif
    }

    if (chdir(server_root) == -1) {
        fprintf(stderr, "Could not chdir to \"%s\": aborting\n",
            server_root);
        exit(1);
    }

    dirbuf = normalize_path(server_root);       //格式化路径
    free(server_root);                          //释放空间
    server_root = dirbuf;                       //指定根目录路径
}
```

2. 读取配置文件

函数 read_config_files()用来读取配置文件信息，有关 Web 服务器的配置信息存放在文件 boa.conf 中。BOA 的配置信息包括 BOA 服务器监听的端口、绑定的 IP 地址、记载错误日志文

件、设置存取日志文件等。该函数在 config.c 文件中。

```c
void read_config_files(void)
{
    char *temp;
    current_uid = getuid();
    yyin = fopen("boa.conf", "r");          //以只读方式打开配置信息文件boa.conf

    if (!yyin) {                             //读取失败则打印打开文件失败信息
        fputs("Could not open boa.conf for reading.\n", stderr);
        exit(1);
    }
    if (yyparse()) {
        fputs("Error parsing config files, exiting\n", stderr);
        exit(1);
    }

    if (!server_name) {                      //如果没有指定服务器名字则指定服务器名字
        struct hostent *he;
        char temp_name[100];

        if (gethostname(temp_name, 100) == -1) {  //获取服务器名字
            perror("gethostname:");
            exit(1);
        }

        he = gethostbyname(temp_name);       //获取主机
        if (he == NULL) {
            perror("gethostbyname:");
            exit(1);
        }

        server_name = strdup(he->h_name);    //获取主机名
        if (server_name == NULL) {
            perror("strdup:");
            exit(1);
        }
    }
    tempdir = getenv("TMP");
    if (tempdir == NULL)
        tempdir = "/tmp";

    if (single_post_limit < 0) {
        fprintf(stderr, "Invalid value for single_post_limit: %d\n",
            single_post_limit);
        exit(1);
    }
//正确获得文档路径
```

```
        if (document_root) {
            temp = normalize_path(document_root);
            free(document_root);
            document_root = temp;
        }
//获得错误日志路径
        if (error_log_name) {
            temp = normalize_path(error_log_name);
            free(error_log_name);
            error_log_name = temp;
        }
//获得存取日志路径
        if (access_log_name) {
            temp = normalize_path(access_log_name);
            free(access_log_name);
            access_log_name = temp;
        }
//获得公共网关接口日志路径
        if (cgi_log_name) {
            temp = normalize_path(cgi_log_name);
            free(cgi_log_name);
            cgi_log_name = temp;
        }

        if (dirmaker) {
            temp = normalize_path(dirmaker);
            free(dirmaker);
            dirmaker = temp;
        }
#if 0
        if (mime_types) {
            temp = normalize_path(mime_types);
            free(mime_types);
            mime_types = temp;
        }
#endif
}
```

3. 写日志文件

函数 open_logs()打开日志文件并向文件中写日志。日志文件包括错误日志文件、存取日志文件、网关日志文件。该函数在 log.c 文件中。

```
void open_logs(void)
{
    int error_log;

    /* if error_log_name is set, dup2 stderr to it */
```

```c
        /* otherwise, leave stderr alone */
        /* we don't want to tie stderr to /dev/null */
        if (error_log_name) {
            /* 打开错误日志文件*/
            if (!(error_log = open_gen_fd(error_log_name))) {
                DIE("unable to open error log");
            }

            /* 重定向错误输出到错误日志文件 */
            if (dup2(error_log, STDERR_FILENO) == -1) {
                DIE("unable to dup2 the error log");
            }
            close(error_log);
        }
```

/* 第二个参数为F_SETFD时，表示设置文件描述符标记。fcntl文件锁有两种类型：建议性锁和强制性锁。系统默认fcntl都是建议性锁，当一个进程对文件加锁后，无论它是否释放所加的锁，只要文件关闭，内核都会自动释放加在文件上的建议性锁 */

```c
        if (fcntl(STDERR_FILENO, F_SETFD, 1) == -1) {
            DIE("unable to fcntl the error log");
        }

        if (access_log_name) {
            /* 打开存取日志文件*/
            if (!(access_log = fopen_gen_fd(access_log_name, "w"))) {
                int errno_save = errno;
                fprintf(stderr, "Cannot open %s for logging: ",
                    access_log_name);
                errno = errno_save;
                perror("logfile open");
                exit(errno);
            }
            /* line buffer the access log */
            #ifdef SETVBUF_REVERSED
            setvbuf(access_log, _IOLBF, (char *) NULL, 0);
            #else
            /*设置存取日志缓冲区*/
            setvbuf(access_log, (char *) NULL, _IOLBF, 0);
            #endif
        } else
            access_log = NULL;

    if (cgi_log_name) {
    /*打开网关日志文件*/
        cgi_log_fd = open_gen_fd(cgi_log_name);
        if (cgi_log_fd == -1) {
            WARN("open cgi_log");
```

```
                free(cgi_log_name);        //打开网关日志文件失败,则释放资源
                cgi_log_name = NULL;
                cgi_log_fd = 0;
            } else {
                //打开成功则加锁
                if (fcntl(cgi_log_fd, F_SETFD, 1) == -1) {
                    WARN("unable to set close-on-exec flag for cgi_log");
                     //打开失败则关闭该文件,内核将自动释放加在该文件上的建议性锁
                    close(cgi_log_fd);
                    cgi_log_fd = 0;                          //标识清零
                    free(cgi_log_name);                      //释放资源
                    cgi_log_name = NULL;
                }
            }
        }
    }
```

4. 初始化 Web 服务器

函数 create_server_socket()是 Web 服务器的核心函数,该函数在 boa.c 文件中定义,该函数的作用是建立服务端 TCP 套接字,然后将其转换为无阻塞套接字,并且给服务套接字加锁;函数 bind()用于建立套接字描述符与制定端口间的关联,并通过函数 listen()在该指定端口进行侦听,等待远程连接请求,当连接请求到达时,BOA 调用函数 get_request()获取请求信息,并通过调用函数 accept()为该请求建立一个连接,在建立连接之后,接收请求信息,同时对请求进行分析;当有 CGI 请求时,为 CGI 程序创建进程,并将结果通过管道发送输出。

```
static int create_server_socket(void)
{
    int server_s;

server_s = socket(SERVER_AF, SOCK_STREAM, IPPROTO_TCP); //创建TCP服务套接字
    if (server_s == -1) {
        DIE("unable to create socket");
    }

    /* 将服务套接字转换为无阻塞套接字 */
    if (set_nonblock_fd(server_s) == -1) {
        DIE("fcntl: unable to set server socket to nonblocking");
    }

    /* 加锁服务套接字*/
    if (fcntl(server_s, F_SETFD, 1) == -1) {
        DIE("can't set close-on-exec on server socket!");
    }

    /*当设置TCP套接口接收缓冲区的大小时,服务端应该在监听前进行设置 */
    if ((setsockopt(server_s, SOL_SOCKET, SO_REUSEADDR, (void *) &sock_opt,
            sizeof (sock_opt))) == -1) {
```

```
            DIE("setsockopt");
        }

        /* 绑定套接字*/
        if (bind_server(server_s, server_ip) == -1) {
            DIE("unable to bind");
        }

        /* 在指定端口进行监听，等待客户端的连接请求 */
        if (listen(server_s, backlog) == -1) {
            DIE("unable to listen");
        }
        return server_s;
}
```

8.1.3 BOA 的配置信息

BOA 的配置信息都保存在文件 boa.conf 中，该目录默认是放在"/etc/boa"目录下，BOA 默认在该路径下读取相关的所有配置信息。下面将介绍 boa.conf 文件中相关配置信息的内容。

Port：BOA 服务器监听的端口默认是 80。如果端口号小于 1024 时，需要用 root 用户启动服务器。

```
Port 80
```

Listen：指定绑定的 IP 地址。注释掉该参数时，将绑定所有的地址。

```
#Listen 192.68.0.5
```

User：连接到服务器的客户端身份，可以是用户名或 UID。在文件"/etc/passwd"中查看是否存在用户名 nobody。

```
User nobody
```

Group：连接到服务器的客户端的组，可以是组名或 GID。在文件"/etc/group"中查看是否存在组名为 nogroup 的组。

```
Group nogroup
```

ErrorLog：该文件用于指定错误日志文件。如果路径没有以"/"开始，则指定其路径为相对于 ServerRoot 的路径。

```
ErrorLog /var/log/boa/error_log
```

AccessLog：用于设置存取日志文件。

```
AccessLog /var/log/boalaccess_log
```

DocumentRoot：用于指定 HTML 文件的根目录。

```
DocumentRoot /var/www
```

DirectoryIndex：指定预生成目录信息的文件，注释掉此变量表示将使用 DirectoryMaker 变量。这个变量也就是设置默认主页的文件名。访问 BOA 服务器主页时就是访问的 index.html 页面。

```
DirectoryIndex index.html
```

KeepAliveMax：每个连接允许的请求数量。如果将此值设为 0，表示不限制请求的数目。这里表示允许请求的数量为 1000。

```
KeepAliveMax 1000
```

KeepAliveTimeout：在关闭连接前等待下一个请求的秒数。
```
KeepAlive Timeout 10
```
CGIPat：CGI 程序的环境变量。
```
CGIpath /bin:/ usr/bin:/ usr/local/bin
```
ScriptAlias：指定服务端脚本路径的虚拟路径。
```
ScriptAlias / cgi-bin / /usr/lib/cgi-bin/
```
在部署 Web 服务器时主要是对该配置文件进行配置，以及设置该配置中指定文件的路径和相关文件。在运行服务器的时候将给出 Web 服务器的具体配置。

8.2 BOA 的编译和移植

本节将介绍如何在嵌入式产品中应用 BOA。在嵌入式产品中使用 BOA 需要对其进行交叉编译、配置、编写 HTML 页面、编写 CGI、部署上述文件到相应的目录。

8.2.1 交叉编译 BOA

（1）从网上 http://www.boa.org 下载 bao-0.94.13.tar.gz 源码包，如图 8.1 所示。

图 8.1　下载 BOA 源码包

（2）设置好交叉编译工具链路径。
```
export PATH=/usr/local/arm/4.5.1/bin:$PATH
```
（3）解压下载好的 BOA 源码包。
```
#tar zxvf boa-0.94.13.tar.bz2
```
（4）进入解压后的目录。
```
#cd boa-0.94.13
```
（5）进入 BOA 源码包的 src 目录(下面操作均在该目录下进行)。
```
#cd src
```
（6）利用 configure 工具配置生成 makefile 文件。
```
./configure
```

（7）修改生成的 makefile 文件（设置交叉编译器）。将
```
CC = gcc
CPP = gcc -E
```
修改为：
```
CC=arm-linux-gcc
CPP=arm-linux-gcc -E
```
（8）修改 defines.h 文件的第 30 行。将
```
#define SERVER_ROOT "/etc/boa"
```
修改为
```
#define SERVER_ROOT "/gec/web"
```
该处定义的是 Web 服务器的文件根目录，跟 boa.conf 文件中的 DocumentRoot 一致即可。
（9）修改 compat.h 文件。将
```
#define TIMEZONE_OFFSET(foo) foo##->tm_gmtoff
```
修改成
```
#define TIMEZONE_OFFSET(foo) (foo)->tm_gmtoff
```
防止在 make 时出现如下错误提示：
```
util.c:100:1: pasting "t" and "->" does not give a valid preprocessing token.
```
（10）修改 boa.c 文件。注释掉下面两句话：
```
#if 0
if (passwdbuf == NULL) {
    DIE("getpwuid");
}
if (initgroups(passwdbuf->pw_name, passwdbuf->pw_gid) == -1) {
    DIE("initgroups");
}
#endif
```
否则会出现以下错误提示：
```
getpwuid: No such file or directory。
```
注释掉下面语句：
```
#if 0
if (setuid(0) != -1) {
    DIE("icky Linux kernel bug!");
}
#endif
```
否则会出现以下错误提示：
```
- icky Linux kernel bug!: No such file or directory。
```
（11）编译 BOA
```
#make
```
至此，在 src 目录中将得到交叉编译后的 BOA 程序。

（12）编译完成后，通过 File 命令对生成的执行文件进行查看，确认生成的是 ARM 平台格式的文件。
```
#file boa
boa: ELF 32-bit LSB executable, ARM, version 1 (SYSV), dynamically linked (uses shared libs), for GNU/Linux 2.6.16, not stripped
```
该信息内容非常丰富，表示生成的 BOA 为可执行文件，运行的平台为 ARM 体系结构，

使用的是动态链接库，含有调试信息，而且还包括 GNU 版本信息。此时生成的 BOA 文件大小为 200KB 左右，如果去除调试信息，BOA 文件的大小为 60KB 左右。通过下面命令去除调试信息。

```
#arm-linux-strip boa
```

编译错误（1）：

```
yacc -d boa_grammar.y
make: yacc：命令未找到
make: *** [y.tab.c]
```

解决办法：

```
#apt-get install bison
```

安装完成后要再一次执行

```
#./configure
#make
```

编译错误（2）：

```
y.tab.c: 在函数'yyparse'中:
y.tab.c:1319:7: 警告：隐式声明函数'yylex'
lex boa_lexer.l
make: lex: 命令未找到
make: *** [lex.yy.c] 错误127
```

解决办法：

```
#apt-get install flex
```

安装完成，再用#make 命令就可以了。

```
#make
```

8.2.2 设置 BOA 配置信息

BOA 的配置信息都保存在文件 boa.conf 中，故该文件是 BOA 的配置文件，该文件最终要放在目标机的"/gec/web"目录下，BOA 默认在该路径下读取相关的所有配置信息。

下面根据目标机 GEC210 根文件系统的设计，对它进行如下修改。

（1）修改用户与用户组信息。

① User 的修改。将第 48 行的"User nobody"修改为"User 0"。

② Group 的修改。将第 49 行的"Group nogroup"修改为"Group 0"。

在根文件系统中的"/etc/passwd"文件中没有 nobody 用户，所以设成 0。

在根文件系统中的"/etc/group"文件中没有 nogroup 组，所以设成 0。

（2）相关日志文件存放位置项，保留将保存日志文件，根据需要可以选择是否注释掉。注释掉第 62 行和第 74 行，如下面所示：

```
#ErrorLog /var/log/boa/error_log
#AccessLog /var/log/boa/access_log
```

（3）打开 ServerName 的设置，即将第 94 行

```
#ServerName www.your.org.here
```

前面的"#"号去掉，该项默认为未打开，执行 BOA 会异常退出，提示"gethostbyname::No such file or directory"错误信息所以必须打开。

（4）将第 111 行的

```
DocumentRoot /var/www
```

修改为：
```
DocumentRoot /gec/web
```
否然会提示以下错误信息
```
GET / HTTP/1.1" ("/var/www/"): document open: No such file or directory
```
注意：目标机的目录"/gec/web"存放网页文件。

（5）将第 130 行的"DirectoryMaker /usr/lib/boa/boa_indexer"注释掉，即该行前面加"#"。

（6）将第 155 行的
```
MimeTypes /etc/mime.types
```
修改为：
```
MimeTypes /gec/web/mime.types
```

（7）将第 160 行的
```
DefaultType text/plain
```
修改为：
```
DefaultType text/html
```

（8）将第 188 行的"Alias /doc /usr/doc"注释掉。

（9）打开 SccriptAlias 的设置，即将第 193 行的
```
ScriptAlias /cgi-bin/ /usr/lib/cgi-bin/
```
修改为：
```
ScriptAlias /cgi-bin/ /gec/web/cgi-bin/
```
至此，BOA 服务器配置已经完成。

8.2.3 BOA 移植

（1）把 8.2.1 节生成的 BOA 文件和 8.2.2 节修改好的配置文件 boa.conf 放到目标机的"/gec/web"目录下。

（2）在目标机的串口终端上，输入以下命令，运行 BOA 程序。
```
#cd /gec/web
#./boa
[23/Jun/1937:21:14:23 +0000] boa: server version Boa/0.94.13
[23/Jun/1937:21:14:23 +0000] boa: server built May 24 2015 at 17:44:14.
[23/Jun/1937:21:14:23 +0000] boa: starting server pid=133, port 80
```
可见，BOA 程序运行后，BOA 程序进程号是 133，开启端口 80。

8.3 HTML 页面测试

测试 BOA 主要分为 3 步：编写测试页面、启动 Web 服务器、执行测试。根据配置文件 boa.conf 中的信息可知，测试页面放在"/gec/web"目录下。

1．编写测试页面

下面是测试页面 index.html 的代码。
```
<html>
    <title>
    boa test page!
```

```
        </title>
        <head>
          <font color="#cc2200"><b></b>welcome to test boa webserver</font><p>
        </head>
        <body>
          It is the homepage of testing boa webserver <p>
          <font style="background-color:#808080">http://192.168.0.103</font><p>
        </body>
    </html>
```

2. 启动 Web 服务器

在 8.2.3 节已介绍如何启动 Web 服务器。在进行页面访问测试之前，可以通过 ps 命令查看进程中是否存在 BOA 进程。

```
#ps |grep boa
  133 root    0:00 ./boa
  135 root    0:00 grep boa
```

可查看到当前系统中 BOA 程序已在运行，进程号是 133。

3. 执行测试

（1）若目标机的 IP 为 192.168.0.103，故 Windows 系统中的 IP 改为与目标机同一网段，如 192.168.0.100。

（2）目标机与 PC 连好网线，观察网络能够 ping 通，在 Windows 系统中打开"运行"对话框，输入"cmd"命令，在弹出的界面中输入"ping 192.168.0.103"命令。图 8.2 是目标机与 PC 网络 ping 通的状态。

（3）若网络 ping 通，在 Windows 系统中打开 IE 浏览器，输入"http://192.168.0.103/index.html"，运行结果如图 8.3 所示。

图 8.2 目标机与 PC 网络 ping 通状态

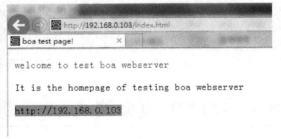

图 8.3 HTML 页面测试结果

8.4 CGI 脚本测试

测试完静态页面后，接下来测试 CGI 脚本文件。

（1）在 ubuntu 中编写测试代码 hello.c，该测试文件内容为打印"Hello World."，代码如下：

```c
#include <stdio.h>
#include <stdlib.h>
int main(void)
{
    printf("Content-type:text/html\n\n");
    printf("<html>\n");
    printf("<head><title>CGI Output</title></head>\n");
    printf("<body>\n");
    printf("<h1>Hello World.</h1>\n");
    printf("</body>\n");
    printf("</html>\n");
    exit(0);
}
```

（2）编译测试程序：

```
#arm-linux-gcc -o hello.cgi hello.c
```

（3）把编译生成的 hello.cgi 文件放到嵌入式目标机"/gec/web/cgi-bin"目录下。

（4）打开 Windows 系统的 IE 浏览器，输入"http://192.168.0.103/cgi-bin/hello.cgi"，测试结果如图 8.4 所示。

图 8.4　CGI 脚本测试结果

8.5　HTML 和 CGI 传参测试

通用网关接口（Common Gateway Interface，CGI）是一个 Web 服务器主机提供信息服务的标准接口。通过 CGI 接口，Web 服务器就能够获取客户端提交的信息，转交给服务器端的 CGI 程序进行处理，最后返回结果给客户端。

服务器和客户端之间的通信，是客户端的浏览器和服务器端的 http 服务器之间的 HTTP 通信，只需要知道浏览器请求执行服务器上哪个 CGI 程序就可以了。服务器和 CGI 程序之间的通信才是我们关注的。一般情况下，服务器和 CGI 程序之间是通过标准输入输出来进行数据传递的，而这个过程需要环境变量的协作方可实现，如图 8.5 所示。

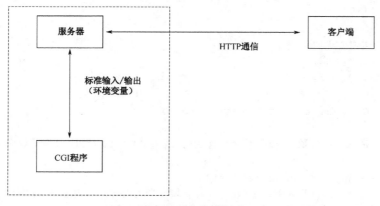

图 8.5　服务器和客户端的通信

CGI 通信系统由两部分组成：一部分是 html 页面，就是在用户端浏览器上显示的页面；另一部分则是运行在服务器上的 CGI 程序。

CGI 程序通过两种方式来获取浏览器发送过来的表单数据： QUERY_STRING 环境变量和标准输入。两种方式分别对应于浏览器的"GET"和"POST"两种提交表单的方式。

当浏览器使用 GET 方式来提交表单时，CGI 程序必须通过 QUERY_STRING 环境变量来获取表单内容。

当浏览器使用 POST 方式提交表单时，CGI 程序必须通过标准输入获取表单内容，同时，可以通过 CONTENT_LENGTH 环境变量来获取到表单内容的大小。

下面通过使用 GET 方式来举例说明。

实例一：在网页中用户输入相应的名字，单击"确认"按钮后能获取到用户输入的名字，并能显示出来。

（1）test.html 代码如下：

```html
<p align="center" class="STYLE4">测试页：</p>
<div align="center">
<form id="form1" name="form1" method="get" action="/cgi-bin/test.cgi">
<p>
<label>
        input your first name:
<input type="text" name="name" value="text" />
</label>
</p>
<p>
<label>
<input type="submit" name="Submit" value="OK !" />
</label>
</p>
</form>
</div>
```

（2）test.c 代码如下：

```c
#include <stdio.h>
#include <stdlib.h>
#include <string.h>
int main(void)
{
    char *get1;
    char *get2;
    char *get3;

printf("Content-type:text/html\n\n");
/*
getenv()用来取得参数envvar环境变量的内容。QUERY_STRING 环境变量中则包含了所有表单的内容。

用法：char *getenv(char *envvar);
函数说明：getenv()用来取得参数envvar环境变量的内容。参数envvar为环境变量的名称，如果该变量存在则会返回指向该内容的指针。环境变量的格式为envvar=value。
```

getenv函数的返回值存储在一个全局二维数组里，当再次使用getenv函数时不用担心会覆盖上次的调用结果。

返回值：执行成功则返回指向该内容的指针，找不到符合的环境变量名称则返回NULL。

```
*/
get1 =getenv("QUERY_STRING");
//当输入"abc"时，get1指向字符串:"name=abc&submit=OK+%21"
if(get1 == NULL)
printf("failed get data!\n");
/*
strtok()用来将字符串分割成一个个片段。
原型：char *strtok(char *s, char *delim); 参数s指向欲分割的字符串，参数delim则为分割字符串中包含的所有字符。当strtok()在参数s的字符串中发现参数delim中包含的分割字符时，则会将该字符改为"\0"字符。在第一次调用时，strtok()必须给予参数s字符串，往后的调用则将参数s设置成NULL。
每次调用成功则返回指向被分割出片段的指针。
*/
    get2=strtok(get1,"=&");         //get2指向字符串"name"
    get3=strtok(NULL,"=&");         //get3指向字符串"abc"
    printf("<br/>");
    printf("****************************************");
    printf("<br/>");
    printf("*              hello %s!                *",get3);
    printf("<br/>");
    printf("****************************************");
    printf("<br/>");
}
```

（3）makefile 文件代码如下：

```
test.cgi:test.c
    arm-linux-gcc -o test.cgi test.c
clean:
    rm -rf *.o test.cgi
```

（4）把 test.c 放到 ubuntu 中进行交叉编译，生成 test.cgi 二进制文件；把 test.html 放到目标机的"/gec/web"目录下，把 test.cgi 放到目标机的"/gec/web/cgi-bin"目录下。

（5）打开 Windows 系统的 IE 浏览器，输入"http://192.168.0.103/test.html"，显示结果如图 8.6 所示。

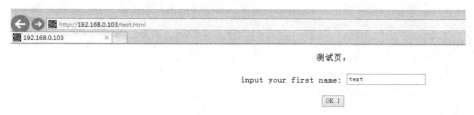

图 8.6　test.html 显示结果

在文本框输入字符串，如"ngs"，单击"OK"按钮，运行结果如图 8.7 所示。

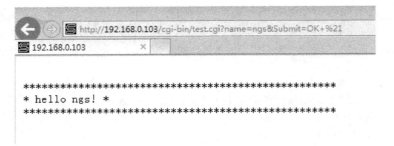

图 8.7　程序运行结果

实例二：在网页中设置一个登录页面，正确输入用户名和密码后才能进入下一个页面显示 "Login OK"，输入用户名和密码错误后显示 "Login Failed"。

（1）config.html 代码如下：

```html
<HTML>
<HEAD>
<META http-equiv="content-type" content="text/html; charset=utf-8" />
<TITLE> Gec BOA Test Page </TITLE>
</HEAD>
<BODY>
<FORM action="/cgi-bin/config.cgi" method="get">
Username:<input type="text" name="username"><br />
Password:<input type="password" name="password"><br />
<input type="submit" name="Submit" value="OK">
</FORM>
</BODY>
</HTML>
```

（2）config.c 代码如下：

```c
#include <stdio.h>
#include <stdlib.h>
#include <string.h>

int main(void)
{
char *env_data = NULL;
const char *result;              // 定义一个字符串指针，用来保存结果
char username[100], password[100];
printf("Content-type:text/html\n\n");
    env_data = getenv("QUERY_STRING");
    printf("Content-type:text/html\n\n");
    if (env_data == NULL)
    {
        printf("failed get data!");
    }
    else
    {
```

```
                sscanf(env_data, "username=%[^&]&password=%[^&]", username, password);
                                        //从env_data 表单内容中分离 username 和 password
                if((strcmp(username, "gec") == 0)&& (strcmp(password, "123456") == 0))
    result = "Login OK";        //  登录成功
                else
    result = "Login Failed"; //  登录失败
    printf("<p>%s</p>\n", result);                //  用H1标题样式输出登录结果
    }
            return 0;
}
```

（3）sscanf()函数解析。

功能：从一个字符串中读取与指定格式相符的数据。

函数原型：

```
    int sscanf( const char *, const char *, ...);
    int sscanf(const char *buffer,const char *format,[argument ]...);
```

其中，buffer 表示存储的数据；format 表示格式控制字符串；argument 表示选择性设定字符串。

说明：sscanf 会从 buffer 里读取数据，依照 format 的格式将数据写入到 argument 里。

（4）把 config.c 放到 ubuntu 中进行交叉编译，生成 config.cgi 二进制文件；把 config.html 放到嵌入式目标机（目标机）的"/gec/web"目录下，把 config.cgi 放到目标机的"/gec/web/cgi-bin"目录下。

```
    #arm-linux-gcc -oconfig.cgiconfig.c
```

（5）打开 Windows 系统的 IE 浏览器，输入"http://192.168.0.103/config.html"，显示结果如图 8.8 所示。

图 8.8 网页 config.html 显示结果

当输入账号"gec"与密码"123456"时，则用户名和密码输入正确，显示"Login OK"，结果如图 8.9 所示。

图 8.9 用户名和密码输入正确

当输入账号"ngs"与密码"12345678"时，则用户名和密码输入错误，显示"Login Failed"，

结果如图 8.10 所示。

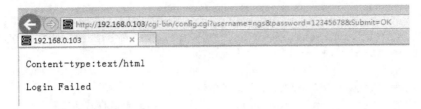

图 8.10　用户名和密码输入错误

当浏览器使用 POST 方式提交表单时，CGI 程序必须通过标准输入获取表单内容，同时，可以通过 CONTENT_LENGTH 环境变量来获取到表单内容的大小。

实例二中，将上面的网页 config.html 代码中的 "method=" get"" 修改为 "method=" post""，那么 config.cgi 的程序需要变为：

```
const char *slen = getenv("CONTENT_LENGTH");//获取 POST 方式提交的表单内容大小
int len = atoi(slen);                        //将字符串形式的长度转换为整数
char *query = (char *)malloc(len + 1);       //分配空间，用来保存表单内容
memset(query, 0, len + 1);                   //将分配到的空间的内容清空
read(0, query, len);                         //读取表单内容
```

这里，query 字符串应该等于"username=gec&password=123456&Submit=提交"其中，read() 函数用来读取文件中的数据，它包含三个参数：第一个参数表示文件序号，0 即为标准输入文件；第二个参数为保存读取到的数据的缓冲区；第三个参数为读取的长度。

8.6　网页控制 LED

下面程序代码中，可实现客户端通过网页来控制远程终端上的 LED 灯的亮灭，条件是客户端和远程终端能联网，并且远程终端能运行 Web 服务器（如 BOA）。

1. t-led.html 代码

```
<p align="center" class="STYLE4">测试页：</p>
<div align="center">
<form id="form1" name="form1" method="get" action="/cgi-bin/t-led.cgi">
<p>
                                                                    打开led1
<input type="radio" name="led1" value="1" checked />
<br />
                                                                    关闭led1
<input type="radio" name="led1" value="2" />
                                                                    <br />
                                                                    打开led2
<input type="radio" name="led2" value="3" checked/>
<br />
                                                                    关闭led2
<input type="radio" name="led2" value="4" />
```

```html
                                                        <br />
</p>
<p>
<input type="submit" name="Submit" value="OK!" />
</p>
</form>
</div>
```

2. t-led.c 代码

```c
#include <stdio.h>
#include <stdlib.h>
#include <string.h>

#include <unistd.h>
#include <sys/ioctl.h>
#include <sys/types.h>
#include <sys/stat.h>
#include <fcntl.h>
#include <sys/select.h>
#include <sys/time.h>
#include <errno.h>

#define LED1 0
#define LED21
#define LED32
#define LED4 3

#define LED_ON          1
#define LED_OFF         0

int main(void)
{
    char *get1;
    char *get2;
    char *get3;
    int cmd[2];
    printf("Content-type:text/html\n\n");
    get1 =getenv("QUERY_STRING");
        //当选择2和4，get1指向字符串 "led1=2&led2=4&Submit=OK%21"
    if(get1 == NULL)printf("failed get data!\n");
    get2=strtok(get1,"=&");
    get3=strtok(NULL,"=&");
    cmd[0]=atoi(get3);
    printf("%d\n",cmd[0]);

    get3=strtok(NULL,"=&");
    get3=strtok(NULL,"=&");
    cmd[1]=atoi(get3);
```

```c
        printf("%d\n",cmd[1]);

        int ledn_fd,a;
        ledn_fd = open("/dev/leds", O_RDWR);
        if (ledn_fd < 0) {
             perror("open device ledn_fd");
             exit(1);
        }

        if(cmd[0]==1)
        {
             printf("led1 on\n");
             ioctl(ledn_fd,LED_ON,LED1);
        }
        else if(cmd[0]==2)
        {
             printf("led1 down\n");
             ioctl(ledn_fd,LED_OFF,LED1);
        }

        if(cmd[1]==3)
        {
             printf("led2 on\n");
             ioctl(ledn_fd,LED_ON,LED2);
        }
        else if(cmd[1]==4)
        {
             printf("led2 down\n");
             ioctl(ledn_fd,LED_OFF,LED2);
        }
}
```

操作步骤如下。

（1）把 t-led.c 放到 ubuntu 中进行交叉编译，生成 t-led.cgi 二进制文件；把 t-led.html 放到目标机的"/gec/web"目录下，把 t-led.cgi 放到目标机的"/gec/web/cgi-bin"目录下。

```
#arm-linux-gcc -ot-led.cgit-led.c
```

（2）加载目标机的 LED 驱动模块 led_drv.ko，创建"/dev/leds"设备文件，具体操作参考 6.8 节的第 5 步。

（3）打开 Windows 系统的 IE 浏览器，输入"http://192.168.0.103/t-led.html"，运行结果如图 8.11 与图 8.12 所示，同时目标机中 led1 和 led2 点亮。

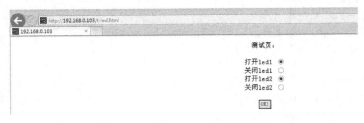

图 8.11　网页 t-led.html 运行结果

图 8.12 打开 led1 和 led2

8.7 BOA 与 SQLite 结合

下面通过实例介绍使用 Web 服务器 BOA 和 CGI 接口来维护和管理嵌入式产品中的数据库。

8.7.1 通过 CGI 程序访问 SQLite

SQLite 提供了 C 语言访问的接口。通过采用 C 语言程序访问数据库，将该访问数据库的操作编译成 CGI 程序，部署在 BOA 的 CGI 路径下，远程维护人员通过调用此 CGI 程序就能实现远程维护数据库的目的。

下面代码主要分为两部分：一部分是通过调用 C 接口对数据库进行创建、修改等维护工作；另一部分是通过 HTML 页面将结果返回给远程访问者。

```c
#include <stdio.h>
#include <stdlib.h>
#include <sqlite3.h>

int main(void)
{
    sqlite3 *db=NULL;
    char *zErrMsg=0;
    int rc;
    int i=0;

    //通过CGI将结果返回给远程操作者
    printf("Content-Type:text/html\n\n");      //设置编码方案，解决中文乱码

    printf("<html>\n");
    printf("<head><title>CGI Output</title></head>\n");
    printf("<body>\n");
    printf("<h1>Access SQLite Database by CGI of Boa</h1>\n");
    printf("<p>\n");
    printf("<p>\n");

    rc=sqlite3_open("test.db",&db);
    if(rc)
    {
        fprintf(stderr,"Cant't open database:%s</br>",sqlite3_errmsg(db));
        sqlite3_close(db);
```

```c
        exit(1);
}
else
    printf("opened database est.db successfully!</br>");

char *sql="create table student(id,name,sex,age);";
sqlite3_exec(db,sql,0,0,&zErrMsg);

sql="insert into student values(1,'Jack','M',20);";
sqlite3_exec(db,sql,0,0,&zErrMsg);
sql="insert into student values(2,'Tom','M',21);";
sqlite3_exec(db,sql,0,0,&zErrMsg);
sql="insert into student values(3,'Mary','w',19);";
sqlite3_exec(db,sql,0,0,&zErrMsg);

sql="select * from student;";
sqlite3_exec(db,sql,0,0,&zErrMsg);

int nrow=0,ncolumn=0;
char **fristResult;

sql="select * from student;";
printf("</br>");
sqlite3_get_table(db,sql,&fristResult,&nrow,&ncolumn,&zErrMsg);

printf("</br>row:%d column=%d </br>",nrow,ncolumn);
printf("</br>The result of querying is : </br></br>");

for(i=0;i<(nrow+1)*ncolumn;i++)
    printf("fristResult[%d]=%s , ",i,fristResult[i]);

sqlite3_free_table(fristResult);

sql="update student set age=24 where age=20;";
printf("</br>");
sqlite3_exec(db,sql,0,0,&zErrMsg);

nrow=0;
ncolumn=0;
char **secondResult;
sql="select * from student;";
sqlite3_get_table(db,sql,&secondResult,&nrow,&ncolumn,&zErrMsg);

printf("</br>row:%d column=%d </br>",nrow,ncolumn);
printf("</br>The result of querying is : </br></br>");

for(i=0;i<(nrow+1)*ncolumn;i++)
```

```
            printf("secondResult[%d]=%s, ",i,secondResult[i]);

            printf("<body>");
            printf("</html>");

            sqlite3_free_table(secondResult);

            printf("</br>");
            sqlite3_close(db);
            return 0;
    }
```

8.7.2 编译和测试

编译 SQLite 程序时，需要 SQLite 接口的头文件和库文件支持。对于 SQLite 的编译和安装过程，在第 4 章中有介绍。

1. CGI 程序的编译和部署

将上述代码命名为"sqlite_boa_test.c"，放到虚拟机某目录下进行交叉编译：

```
#arm-linux-gcc -o sqlite.cgi -I /opt/sqlite_arm/include -L /opt/sqlite_arm/lib sqlite_boa_test.c -lsqlite3 -static -lpthread -ldl
```

编译完成后生成 CGI 程序 sqlite.cgi，把 CGI 程序 sqlite.cgi 放到目标机中"/gec/web/cgi-bin"目录下。

2. 测试 sqlite.cgi

在 Windows 的浏览器中输入"http://192.168.0.103/cgi-bin/sqlite.cgi"，来访问嵌入式目标机下的 CGI 程序。测试结果如图 8.13 所示。

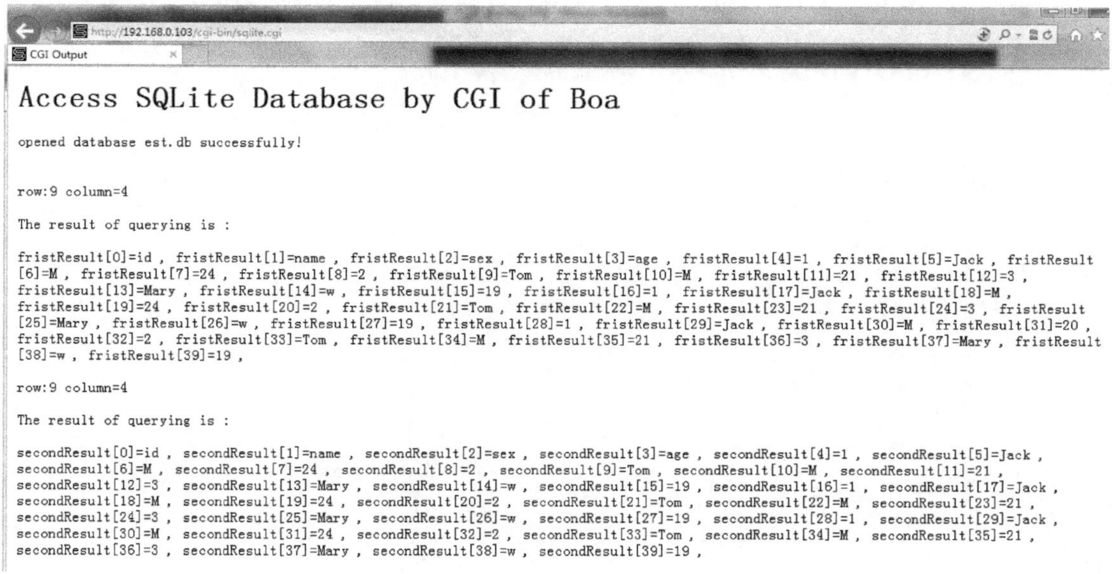

图 8.13 通过 CGI 访问 SQLite 数据库

本章小结

　　BOA 在嵌入式方面的应用非常简捷有效，其编译和移植过程也比较简单。读者熟练掌握 BOA 的源代码和 SQLite 的源代码后，可以在自己的项目中灵活运用。本章的重点和难点是 BOA 的流程分析，比较实用并且很多情况下是与嵌入式数据库结合使用，读者可以编译更好的 CGI 程序维护远程的嵌入式数据库。

第 9 章

基于 Qt 的嵌入式 GUI 程序设计

Qt 是一个用 C++编写的成熟的跨平台 GUI 工具包。Qt 提供给应用程序开发者大部分的功能来完成建立合适、高效的图形界面程序与后台执行的应用程序，它提供的是一种面向对象可扩展的和基于组件的编程模式。

本章的内容是针对 Cortex-A8 目标机，讲解 Qt 程序设计。

9.1 嵌入式 GUI 简介

9.1.1 嵌入式 GUI 的特点

图形用户界面 GUI（Graphics User Interface）是迄今为止计算机系统中最为成熟的人机交互技术。一个好的图形用户界面的设计不仅要考虑到具体硬件环境的限制，而且还要考虑到用户的喜好，嵌入式 GUI 还要求简单、直观、可靠、占用资源小且反应快速。另外，由于嵌入式系统硬件本身的特殊性，嵌入式 GUI 应具备高度可移植性和可裁剪性，以适应不同的硬件环境和使用的需求，嵌入式 GUI 应具备以下特点。

（1）体积小。
（2）运行时所需系统资源小。
（3）上层接口与硬件无关，高度可移植。
（4）高可靠性。

9.1.2 常用的嵌入式 GUI 图形系统

1. Qt/Embedded

Qt 是一个跨平台的 C++图形用户界面库，它是挪威 TrollTech 公司（2008 年 6 月被诺基亚收购）的产品，Qt 具有优良的跨平台特性（支持 Windows、Linux、各种 UNIX、OS390 和 QNX 等），面向对象机制以及丰富的 API。

Qt/Embedded 是专门为嵌入式系统设计图形用户界面的工具包。简单地说，Qt/E 就是 Qt 面向嵌入式系统的版本。这个版本主要特点是非常适合嵌入式移植，许多基于 Qt 的程序都可以非常方便地移植到嵌入式系统。

2. MiniGUI

MiniGUI 是由北京飞漫软件技术有限公司主持的一个自由软件项目（遵循 GPL 条款），其目标是为基于 Linux 的实时嵌入式系统提供一个轻量级的图形用户界面支持系统。

MiniGUI 为应用程序定义了一组轻量级的窗口和图形设备接口。利用这些接口，每个应用程序可以建立多个窗口，而且可以在这些窗口中绘制图形。用户也可以利用 MiniGUI 建立菜单、按钮、列表框等常见的 GUI 元素。用户可以将 MiniGUI 配置成 MiniGUI-Threads 或者 MiniGUI-Lite。运行在 MiniGUI-Threads 上的程序可以在不同的线程中建立多个窗口，但所有的窗口在一个进程中运行；相反，运行在 MiniGUI-Lite 上的每个程序是单独的进程，每个进程也可以建立多个窗口。MiniGUI-Threads 适合于具有单一功能的实时系统，而 MiniGUI-Lite 则适合类似于 PDA 和瘦客户机等嵌入式系统。

3. Microwindows

Microwindows 是一个著名的开放式源码嵌入式 GUI 软件，目的是把图形视窗环境引入到运行 Linux 的小型设备和平台上。作为 X-Windows 的替代品，Microwindows 可以使用更少的 RAM 和文件存储空间（100K～600KB）提供与 X-Windows 相似的功能。Microwindows 允许设计者轻松加入各种显示设备、鼠标、触摸屏和键盘等。Microwindows 的可移植性非常好，基本上用 C 语言实现，只有某些关键代码使用了汇编以提高速度。Microwindows 支持 ARM 芯片。尽管 Microwindows 完全支持 Linux，但是它内部的可移植结构是基于一个相对简单的屏幕设备接口，可在许多不同的 RTOS 和裸机上运行。

4. Tiny-X

Tiny-X 是标准 X-Windows 系统的简化版，去掉了许多对设备的检测过程，无须设置显示卡 Driver，很容易对各种不同硬件进行移植。Tiny-X 专为嵌入式开发，适合用做嵌入式 Linux 的 GUI 系统。Tiny-X 图形系统是由 SuSE 赞助的，开发人员是 XFree86 的核心成员 Keith Packard。目前 Tiny-X 是 XFree86 自带的编译模式之一，只要通过修改编译选项，就能编译生成 Tiny-X。

作为 XFree86 4.0 的子集，性能和稳定性都非常好，适合内存资源比较少的系统，它是以 XFree86 为基准的，所以构置或设定的方式与 XFree86 是相同的。一般的 X Server 都太过于庞大，因此 Keith Packard 就以 XFree86 为基础，精简了体系结构而形成 Tiny X Server，它的体积可以小到几百 Kb 而已，非常适合应用于嵌入式环境。Tiny-X 像 X-Windows 系统一样采用标准的 Client/Server 体系结构。

5. GTK

GTK+（GIMP Toolkit）是一套源码以 LGPL 许可协议分发、跨平台的图形工具包。最初是为 GIMP 编写的，已成为一个功能强大、设计灵活的一个通用图形库，是 GNU/Linux 下开发图形界面的应用程序的主流开发工具之一，并且 GTK+也有 Windows 版本和 Mac OS X 版。

GTK+ 是一种图形用户界面（GUI）工具包。也就是说，它是一个库（或者，实际上是若干个密切相关的库的集合），它支持创建基于 GUI 的应用程序。可以把 GTK+ 想象成一个工具包，从这个工具包中可以找到用来创建 GUI 的许多已经准备好的构造块。

GTK+虽然是用 C 语言编写的，但是用户可以使用自己熟悉的语言来使用 GTK+，因为 GTK+已经被绑定到几乎所有流行的语言上，如 C++、PHP、Guile、Perl、Python、TOM、Ada95、

Objective C、Free Pascal、Eiffel。

6．Open GUI

Open GUI 在 Linux 系统上已经存在很长时间了，它使用 C++编写，提供一个高层 C/C++ 图形接口。Open GUI 提供了二位绘图函数原型、消息驱动的 API 支持。Open GUI 功能强大，使用方便，支持鼠标和键盘操作。

9.1.3　Qt/E 概述

Qt 的版本是按照不同的图形系统来划分的，目前分为 4 个版本。
（1）Win32 版，适用于 Windows 平台。
（2）X11 版，适合于使用了 X 系统的各种 Linux 和 UNIX 平台。
（3）Mac 版，适合于苹果 MacOS。
（4）Embedded 版，适合于具有帧缓冲（Frame Buffer）的 Linux 平台。

Qt/Embedded（简称 Qt/E）是专门为嵌入式系统设计图形用户界面的工具包。简单地说，Qt/E 就是 Qt 的嵌入式版本，使用 Qt/E 开发的图形界面应用程序有以下优势。

（1）用 Qt/E 开发的应用程序要移植到不同平台时，只需要用不同的编译器重新编译一下代码，而不需要对代码进行修改。
（2）可以方便地为程序连接数据库，还可以与 Java 程序集成。
（3）Qt/E 是模块化和可裁剪的，裁剪掉不需要的模块，Qt/E 的映像可以小到 600KB 左右。
（4）Qt/E 是用 C++编写的，代码公开以及拥有十分详细的技术开发文档。
（5）Qt/E 支持所有主流的嵌入式平台，对于在 Linux 上的 Qt/E 的基本要求只不过是 Frame Buffer 设备和一个 arm-linux-g++编译器。
（6）提供压缩字体格式，即使在很小的内存中，也可以提供一流的字体支持。
（7）支持 Unicode，可以轻松地使程序支持多种语言。

由于平台无关性，并提供了很好的 GUI 编程接口，Qt/E 在许多嵌入式系统中得到了广泛的应用。Qt/E 虽然公开代码和技术文档，但是它不是免费的，当开发者的商业化产品需要用到它的运行库时，必须向 Trolltech 公司支持版权费用，如果开发的产品不用于商业用途则不需要付费。

9.2　Qt/E 开发环境的搭建

9.2.1　移植 JPEG 库

从 Qt 的官方网上下载 jpegsrc.v6b.tar.gz，把它复制到 ubuntu 的用户目录下。
（1）解压。
```
# tar zxvf jpegsrc.v6b.tar.gz
# cdjpeg-6b
```
（2）配置。
```
#./configure --prefix=/usr/local/arm/4.5.1/arm-none-linux-gnueabi
    --exec-prefix=/usr/local/arm/4.5.1/arm-none-linux-gnueabi
```

```
--enable-shared --enable-static
```

(3) 修改 makefile。

```
CC = gcc 改为arm-none-linux-gnueabi-gcc
AR = ar ac 改为arm-none-linux-gnueabi-ar ac
AR2 = ranlib 改为arm-none-linux-gnueabi-ranlib
```

(4) 编译、安装。

```
#make
#make install
```

编译安装时出现的错误，如图 9.1 所示。

```
/usr/bin/install: 无法创建普通文件"/usr/local/arm/4.5.1/arm-none-linux-gnueabi/m
an/man1/cjpeg.1": 没有那个文件或目录
make: *** [install] 错误 1
```

图 9.1 编译安装时出现的错误

要创建目录：

```
#mkdir -p /usr/local/arm/4.5.1/arm-none-linux-gnueabi/man/man1
#make install
```

(5) 把 "/usr/local/arm/4.5.1/arm-none-linux-gnueabi/lib" 文件夹内的 "libjpeg.*" 复制到文件系统源码的 "/lib" 上。

```
#cd /usr/local/arm/4.5.1/arm-none-linux-gnueabi/lib
#cp -d libjpeg.* /root/rootfs/lib
```

9.2.2 移植 tslib

从 Qt 的官方网上下载源码包 "tslib-1.4.tar.bz2"，将它复制到 ubuntu 的用户目录下。

(1) 解压。

```
#tar xjvf tslib-1.4.tar.bz2
```

(2) 生成 configure 文件、配置、编译、安装。

```
#cd tslib-1.4
```

```
#./autogen.sh
```

这时会出现如图 9.2 所示的错误提示。

```
root@wutuhua-virtual-machine:/home/210/tslib-1.4# ./autogen.sh
./autogen.sh: 4: ./autogen.sh: autoreconf: not found
```

图 9.2 错误提示

执行以下命令：

```
#sudo apt-get install autoconf automake libtool
#./autogen.sh
#./configure --prefix=/home/tslib/ --host=arm-linux
ac_cv_func_malloc_0_nonnull=yes --enable-inputapi=yes
#make
```

```
#make install
```
(3) 修改配置文件 ts.conf。

把刚编译通过的文件,即"/home/tslib/etc"目录下的 ts.conf 文件,将 module_raw input 前面的注释去掉,使 Qt 支持触摸屏。

```
# vim /home/tslib/etc/ts.conf
```
修改如下:
```
# Uncomment if you wish to use the linux input layer event interface
module_raw input  (去掉#且顶格,注意一定要顶格,要不然运行时会出错Segmentation fault)
```
(4) 把整个 "/home/tslib" 复制到 ARM 板上的 "/usr/local/" 下。
```
#mkdir /root/rootfs/usr/local
#cp  -drf  /home/tslib  /root/rootfs/usr/local
```

9.2.3 交叉编译 Qt-embedded 库

从实训平台提供的资料中找到源码包 qt-everywhere-opensource-src-4.7.0.tar.gz,将它复制到 ubuntu 的用户目录下。

(1) 编译过程中需要 x11 库的支持。
```
#apt-get install libx11-dev
#apt-get install libxext-dev
#apt-get install libxtst-dev
```
(2) 解压 Qt4.7.0 的源码包。
```
#tar zxvf qt-everywhere-opensource-src-4.7.0.tar.gz
```
配置并编译 Qt4.7.0。详细参数含义请使用命令" ./configure -embedded -help "查看,默认安装路径为"/usr/local/Trolltech/QtEmbedded-4.7.0-arm"。注意:当编译好 Qte 程序之后,复制到目标机上也必须为该路径,如图 9.3 所示。

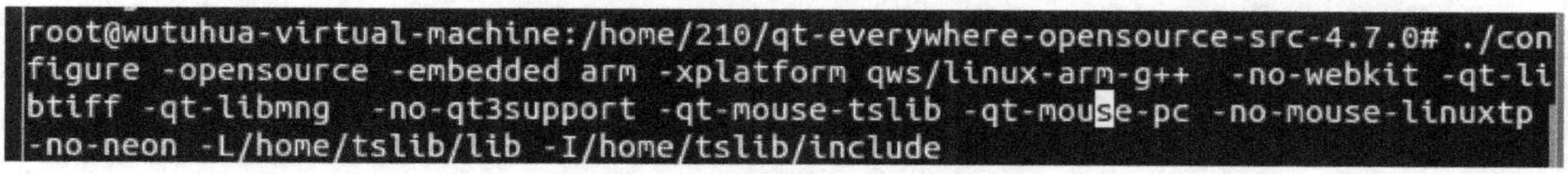

```
root@wutuhua-virtual-machine:/home/210/qt-everywhere-opensource-src-4.7.0# ./con
figure -opensource -embedded arm -xplatform qws/linux-arm-g++  -no-webkit -qt-li
btiff -qt-libmng  -no-qt3support -qt-mouse-tslib -qt-mouse-pc -no-mouse-linuxtp
-no-neon -L/home/tslib/lib -I/home/tslib/include
```

图 9.3　配置

```
#./configure -opensource -embedded arm -xplatform qws/linux-arm-g++
-no-webkit -qt-libtiff -qt-libmng  -no-qt3support -qt-mouse-tslib -qt-mouse-pc
-no-mouse-linuxtp -no-neon -L/home/tslib/lib -I/home/tslib/include
#make
```
可能会出现如图 9.4 所示的错误。

```
make[4]: arm-linux-ar: 命令未找到
make[4]: *** [../../plugandpaint/plugins/libpnp_basictools.a] 错误 127
make[4]:正在离开目录 `/home/210/qt-everywhere-opensource-src-4.7.0/examples/tool
s/plugandpaintplugins/basictools'
```

图 9.4　编译时出现的错误

这时要建立交叉工具链的软连接。
```
#cd /usr/local/arm/4.5.1/bin
```

```
#ln -s arm-none-linux-gnueabi-ar arm-linux-ar
#make
#make install
```

(3) 将 Qte 复制到目标板上。

```
#mkdir -p /root/rootfs/usr/local/Trolltech/QtEmbedded-4.7.0-arm
#cd /usr/local/Trolltech/QtEmbedded-4.7.0-arm
#cp -drf lib /root/rootfs/usr/local/Trolltech/QtEmbedded-4.7.0-arm/
#cp -drf plugins /root/rootfs/usr/local/Trolltech/QtEmbedded-4.7.0-arm/
```

(4) Qt 程序在目标机运行，还需要将一些库复制到根文件系统。

```
#cp /usr/local/arm/4.5.1/arm-none-linux-gnueabi/libc/lib/librt-2.11.1.so/ root/rootfs/lib
#cd /root/rootfs/lib
#chmod 777 librt-2.11.1.so
#ln -s librt-2.11.1.so librt.so.1
```

9.2.4 修改 profile 文件添加环境变量

主要是修改 ARM 板上的 tslib 和 qte 运行环境变量。

```
#vim /root/rootfs/etc/profile
```

追加以下内容：

```
export TSLIB_CONSOLEDEVICE=none
export TSLIB_FBDEVICE=/dev/fb0
export TSLIB_TSDEVICE=/dev/event0
export TSLIB_PLUGINDIR=/usr/local/tslib/lib/ts
export TSLIB_CONFFILE=/usr/local/tslib/etc/ts.conf
export POINTERCAL_FILE=/etc/pointercal
export TSLIB_CALIBFILE=/etc/pointercal

export QWS_MOUSE_PROTO="TPanel:/dev/event0 Tslib"
export QTDIR=/usr/local/Trolltech/QtEmbedded-4.7.0-arm
export V_ROOT=/usr/local/tslib
export LD_LIBRARY_PATH=$V_ROOT/lib:/lib:/usr/lib:$LD_LIBRARY_PATH
export QT_PLUGIN_PATH=/usr/local/Trolltech/QtEmbedded-4.7.0-arm/plugins
export QWS_KEYBOARD=TTY:/dev/tty1
export PATH=/bin:/usr/bin:$PATH
if [ ! -e /etc/pointercal ] ; then
/usr/local/tslib/bin/ts_calibrate
fi
```

9.3 创建简单的 Qt 工程 HelloWorld

9.3.1 使用 Qt Creator 创建 HelloWorld 程序

(1) 在 Ubuntu 中打开 Qt Creator，如图 9.5 所示。

（2）建立工程 HelloWorld。启动 Qt Creator 后，执行"文件"→"新建工程"命令，在打开的窗口中选择一个工程模板"Qt 控件项目"，再选择"Qt Gui 应用"，如图 9.6 所示。

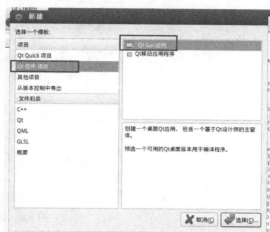

图 9.5　打开 Qt Creator　　　　　　　　　　图 9.6　新建工程

（3）单击"选择"按钮，在出现的窗口中输入新建工程的名称"helloworld"，并在"创建路径"中选择该工程所保存的路径，这里选择"home/gec"，如图 9.7 所示。单击"下一步"按钮，进入如图 9.8 所示的窗口。

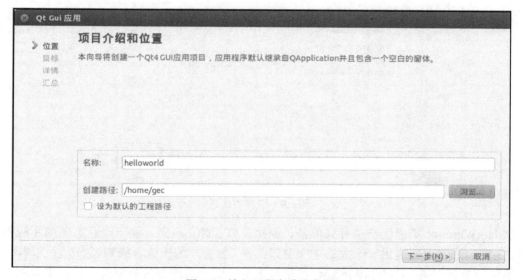

图 9.7　输入工程名称和位置

（4）在图 9.8 中选中"桌面"复选框，以下两个目录存放着 Qt 应用程序和编译之后能在 Ubuntu 系统下运行的执行文件。完成之后单击"下一步"按钮，进入如图 9.9 所示的窗口。

基类有 3 种：QWidget、QMainWindow 和 QDialog。

QWidget 类是所有用户界面对象的基类。窗口部件是用户界面的一个基本单元，它从窗口系统接收鼠标、键盘和其他事件，并且在屏幕上绘制自己。每一个窗口部件都是矩形的，并且它们按 z 轴顺序排列。一个窗口部件可以被它的父窗口部件或者它前面的窗口部件盖住一部分。

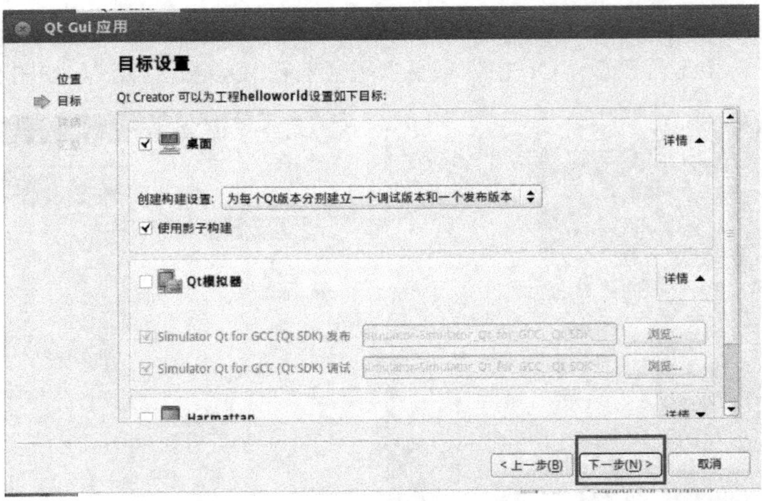

图 9.8　选择构建套件

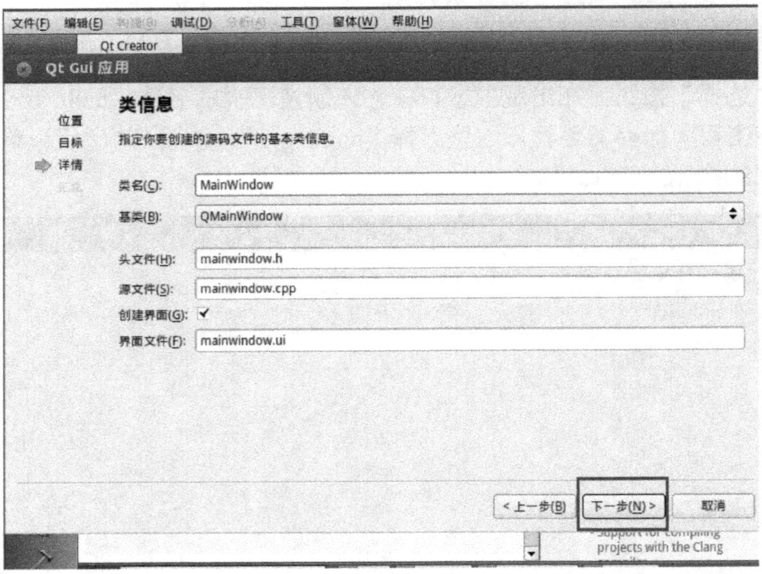

图 9.9　选择类信息

　　QMainWindow 类提供一个有菜单条、锚接窗口（如工具条）和一个状态条的主应用程序窗口。主窗口通常用在提供一个大的中央窗口部件（如文本编辑或者绘制画布）以及周围菜单、工具条和一个状态条。QMainWindow 常常被继承，因为这使得封装中央部件、菜单和工具条以及窗口状态条变得更容易，当用户单击菜单项或者工具条按钮时，槽函数会被调用。

　　QDialog 类是对话框窗口的基类。对话框窗口主要用于短期任务以及和用户进行简要通信的顶级窗口。QDialog 可以是模式对话框，也可以是非模式对话框。QDialog 支持扩展性并且可以提供返回值。它们可以有默认按钮。QDialog 也可以有一个 QSizeGrip 在它的右下角，使用 setSizeGripEnabled()。

　　QDialog 是最普通的顶级窗口。一个不会被嵌入到父窗口部件的窗口部件称为顶级窗口部件。通常情况下，顶级窗口是有框架和标题栏的窗口。在 Qt 中，QMainWindow 和不同的 QDialog

的子类是最普通的顶级窗口。

如果是顶级对话框，那就是基于 QDialog 创建的；如果是主窗体，那就是基于 QMainWindow 创建的；如果不确定，或者有可能作为顶级窗体，或有可能嵌入到其他窗体中，则是基于 QWidget 创建的。当然了，实际中，还可以基于任何其他部件类来派生。

这里选择 QMainWindow 类，完成之后单击"下一步"按钮，进入如图 9.10 所示的界面。

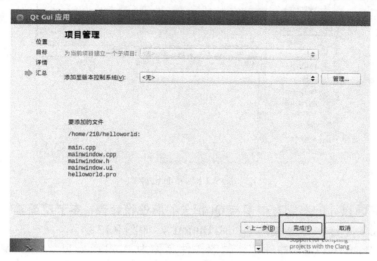

图 9.10　项目管理

这里无须配置，单击"完成"按钮，则名为"helloworld"的 Qt 工程建立完成。进入"helloworld"工程的程序设计，如图 9.11 所示。

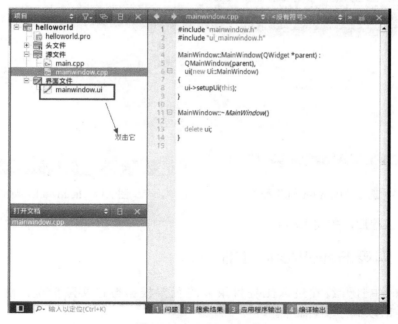

图 9.11　helloworld 工程

（5）单击左侧"界面文件"下的"mainwindow.ui"，进入界面设计，如图 9.12 所示。

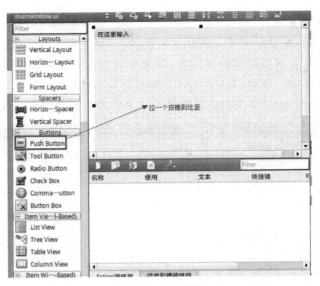

图 9.12　界面设计

（6）在 Qt 界面设计的左侧有很多与 Qt 相关的属性设计类，本节就简单设计一个 Qt 界面，显示 "helloworld" 字样。这里选择 "Push Button"，如图 9.13 所示。

（7）双击 "Push Button" 控件，修改该控件名称为 "helloworld"，如图 9.14 所示。

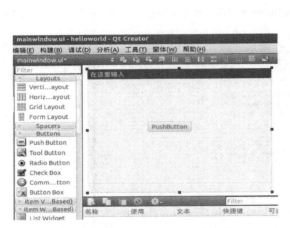
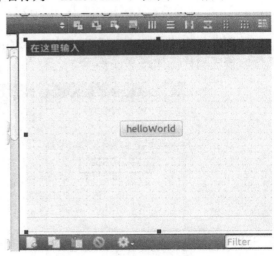

图 9.13　选择 "Push Button" 控件　　　　图 9.14　helloworld 界面设计

（8）保存工程后，关闭工程。

9.3.2　编译 HelloWorld 工程

在 ubuntu 中打开终端进入工程目录，路径要根据自己实际情况，这里工程目录是 "/home/210"，所以执行以下命令。

（1）在命令行交叉编译 Qt 程序到目标机。

```
#cd /home/210/helloWorld
```

① 在编译 Qt 程序之前还是要先设置好环境变量,打开终端建立一个 env.sh 文件

```
#vim env.sh
```

然后在里面输入以下内容:

```
#!/bin/sh
export QTDIR=/usr/local/Trolltech/QtEmbedded-4.7.0-arm
export QMAKEDIR=$QTDIR/qmake
export LD_LIBRARY_PATH=$QTDIR/lib:$LD_LIBRARY_PATH
export PATH=$QMAKEDIR/bin:$QTDIR/bin:/usr/local/arm/4.5.1/bin:$PATH
export QMAKESPEC=qws/linux-arm-g++
```

保存 env.sh,然后在终端运行 source env.sh。因该设置只有临时性、当前终端有效,故不要关闭本终端,在之后编译本工程都要用到该环境变量。

```
#source env.sh
```

② 在本终端中进入 helloworld 工程目录

```
#qmake   -project
#qmake
#make
```

把生成的二进制文件复制到 ARM 板上运行即可

```
#cp helloworld /root/rootfs
```

参考第 5 章的内容,制作新的文件系统,烧写到目标机。

目标机上运行 Qt 程序的命令:

```
#./helloworld -qws
```

(2) 在 Qt Creator 里面添加交叉工具链,交叉编译 Qt 程序到嵌入式目标机上。

打开 Qt Creator 中的 "helloworld" 工程,单击左边工具栏 "项目" 图标,如图 9.15 所示。

图 9.15 单击 "项目" 图标

在这里进行构建设置，首先设计 Qt 版本，目前 Qt 版本是"Desktop Qt 4.7.4 for GCC"，如图 9.16 所示。更改它让当前工程使用 Qt/E 版本。

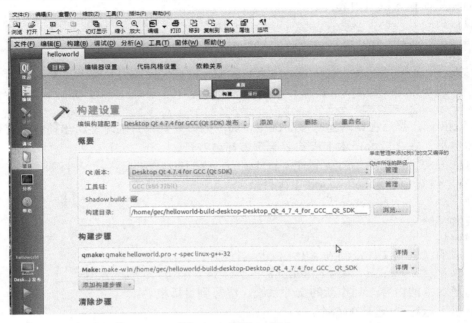

图 9.16　设置 Qt 版本

在图 9.16 中单击 Qt 版本右边的"管理"按钮后，弹出设计 Qt 版本的界面，单击该界面右上方的"添加"按钮，出现如图 9.17 所示的界面。

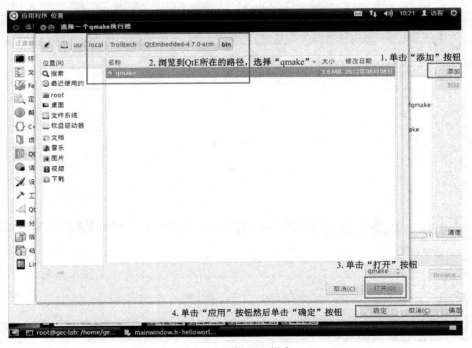

图 9.17　增加 Qt 版本

在图 9.17 中为当前增加的 Qt/E 版本选择一个"qmake"执行器，选择"/usr/local/Trolltech/QtEmbedded-4.7.0-arm/bin"目录下的"qmake"，再单击右下角的"打开"按钮，然后单击"应用"按钮后再单击"确定"按钮，这样当前工程中会增加 Qt/E 版本，如图 9.18 所示。

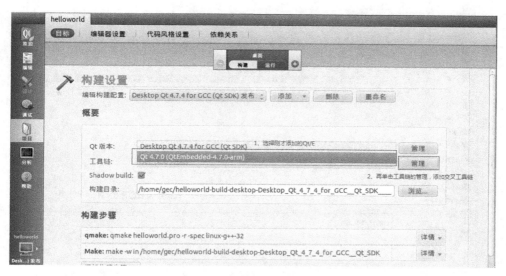

图 9.18　选择 Qt/E 版本

在图 9.18 中，选择刚才增加的 Qt/E 版本。接着设置工具链，单击工具链右边的"管理"按钮，出现如图 9.19 所示的界面。

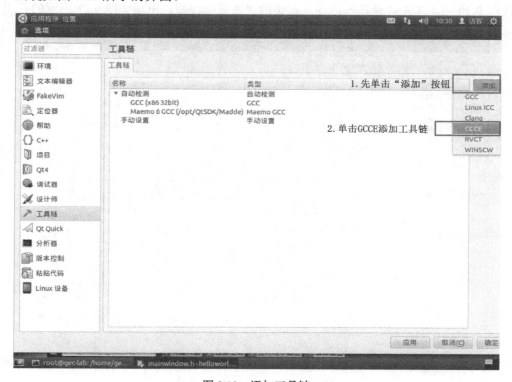

图 9.19　添加工具链

在图 9.19 中，先单击右边的"添加"按钮，选择"GCCE"工具链名称。添加好"GCCE"工具链后，为该工具链选择编译器和调试器，如图 9.20 所示。

图 9.20　选择编译器和调试器

在图 9.20 中，单击"编译器路径"右边的"浏览"按钮，出现如图 9.21 所示的界面。

图 9.21　选择 4.5.1 版的编译器

在图 9.21 中选择"/usr/local/arm/4.5.1/bin"目录下的"arm-none-linux-gnueabi-g++",再单击右下角的"打开"按钮。

在图 9.20 中,单击"调试器"右边的"浏览"按钮,出现如图 9.22 所示的界面。在图 9.22 中选择"/usr/local/arm/4.5.1/bin"目录下的"arm-none-linux-gnueabi-gdb",再单击右下角的"打开"按钮。回到图 9.20 所示的界面,单击下方的"应用"和"确定"按钮,这样 GCCE 的工具链设置完成,回到图 9.23 所示的界面。

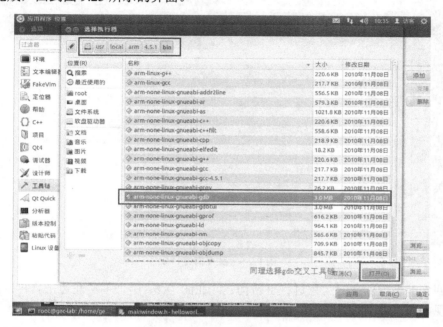

图 9.22　选择 4.5.1 版的调试器

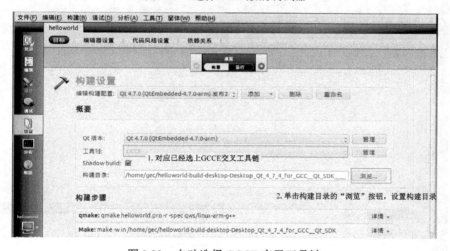

图 9.23　自动选择 GCCE 交叉工具链

在图 9.23 中可以看到系统已经自动选择 GCCE 交叉工具链。

在"构建目录"设置中,最好设置与当前工程同级的目录。当前工程 helloworld 目录是创建在"/home/gec"目录下,那么"构建目录"可设置为"/home/gec/helloworld-build-arm",其中"helloworld-build-arm"目录名用户可自己任意设定。

在图 9.23 中，在构建目录右边的编辑框输入目录"/home/gec/helloworld-build-arm"，如图 9.24 所示的界面。若"/home/gec"目录下无"helloworld-build-arm"，则通过构建工程后，该目录会自动生成，同时构建工程后生成的目标文件和可执行文件都存在"/home/gec/helloworld-build-arm"目录下。

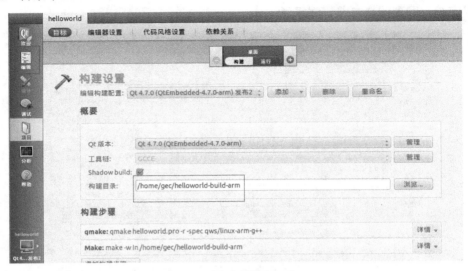

图 9.24　设置构建目录

下面回到编辑界面，对工程进行重新构建。在图 9.24 中，单击左边工具栏中的"编辑"图标，出现如图 9.25 所示的界面。

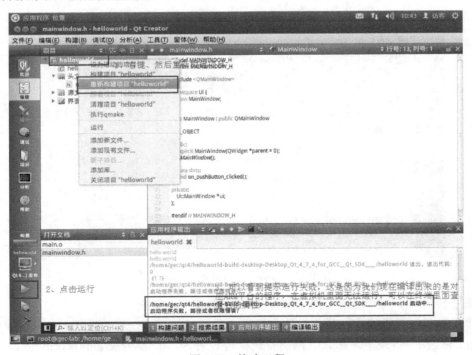

图 9.25　构建工程

在图 9.25 中，右击工程名，在弹出的快捷菜单中选择"重新构建项目'helloworld'"，保存工程的内容。若没有错误，单击左边工具栏的三角形图标，运行该工程。工程运行后，在应用程序输出窗口会发现红色字体"启动程序失败，路径或者权限错误？"，这是因为我们现在编译出来的是对应 ARM 平台的程序，在虚拟机里面无法运行，可以在终端里面查看该工程编译生成的执行文件的属性，如图 9.26 所示。

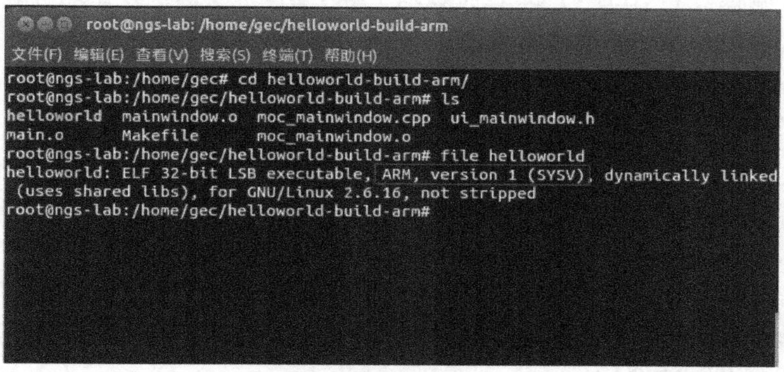

图 9.26 查看文件属性

在"/home/gec/helloworld-build-arm"目录下生成了可执行文件 helloworld，通过"file helloworld"命令执行后，可知 helloworld 文件是 32 位可执行文件，是在 ARM 平台中运行。

把"/home/gec/helloworld-build-arm"目录下可执行文件 helloworld 放在目标机的串口终端上执行，如下所示：

```
[root@AIB210 /]# mount -t nfs -o nolock 192.168.0.101:/home/gec /mnt
[root@ AIB 210 /]# cd /mnt
[root@ AIB 210 /mnt]# cd helloworld-build-arm/
[root@ AIB 210 helloworld-build-arm]# ls
Makefile            main.o              moc_mainwindow.cpp  ui_mainwindow.h
helloworld          mainwindow.o        moc_mainwindow.o
[root@ AIB 210 helloworld-build-arm]# ./helloworld -qws
```

目标机中程序运行结果如图 9.27 所示。

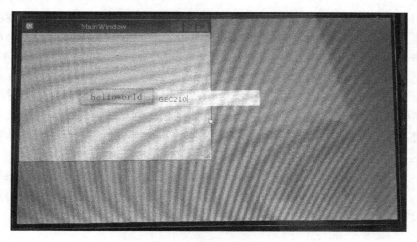

图 9.27 程序运行结果

9.4 用纯源码编写 Qt 工程

Qt 是一个跨平台的 C++图形用户界面库，Qt 包括多达 250 个以上的 C++类，还提供基于模板的 collections、serialization、file、I/O device、directory management、data/time 类。Qt 编程的本质就是 C++编程，所以在学习 Qt 之前必须了解一些 C++的基础，在此有必要补充一些 C++的基础知识，特别是 C++类的概念和使用。

9.4.1 C++基础

C++在国内通常被读做"C 加加"，而国外通常读做"C plus plus"、"CPP"。它是一种使用非常广泛的计算机编程语言。C++与 C 的区别，最重要的在于 C++是面向对象的语言。

下面从一个最简单的程序 hello.cpp 入手看一个 C++程序的组成结构。

```cpp
//my first program in C++
#include <iostream>
using namespace std;

int main() {
    cout << "Hello World!"<<"\n";
    return 0;
}
```

用 g++编译器编译 hello.cpp 源代码得到可执行程序 hello.o。

```
[root@Localhost root] # g++ hello.cpp -o hello
[root@Localhost root] #./hello
"Hello World!
[root@Localhost root] #
```

以上程序是多数初学者学会编写的第一个程序，它的运行结果是输出"Hello World!"这句话。虽然它是 C++编写出的最简单的程序之一，但其中已经包含了每一个 C++程序的基本组成结构。下面就逐个分析其组成结构的每一部分：

```
// my first program in C++
```

这是注释行。所有以两个斜线符号(//)开始的程序行都被认为是注释行，这些注释行是程序员写在程序源代码内，用来对程序作简单解释或描述的，对程序本身的运行不会产生影响。在本例中，这行注释对本程序是什么做了一个简要的描述。

```
# include < iostream >
```

以#标志开始的句子是预处理器的指示语句。它们不是可执行代码，只是对编译器做出指示。在本例中这个句子# include < iostream >告诉编译器的预处理器将输入输出流的标准头文件包括在本程序中。这个头文件包括了 C++中定义的基本标准输入输出程序库的声明。此处它被包括进来是因为在本程序的后面部分中将用到它的功能。

#include<iostream.h>是在旧的标准 C++中使用。在新标准中，用#include<iostream>。iostream 的意思是输入输出流。#include<iostream>是标准的 C++头文件，任何符合标准的 C++开发环境都有这个头文件。

```
using namespace std;
```

C++标准函数库的所有元素都被声明在一个命名空间中，这就是 std 命名空间。因此为了能够访问它的功能，用户用这条语句来表达自己将使用标准命名空间中定义的元素。这条语句在使用标准函数库的 C++程序中频繁出现。

后缀为.h 的头文件 C++标准已经明确提出不支持了，早些的实现将标准库功能定义在全局空间里，声明在带.h 后缀的头文件里，C++标准为了和 C 区别开，也为了正确使用命名空间，规定头文件不使用后缀.h。因此，当使用<iostream.h>时，相当于在 C 中调用库函数，使用的是全局命名空间，也就是早期的 C++实现；当使用<iostream>时，该头文件没有定义全局命名空间，必须使用 namespace std；这样才能正确使用 cout。

```
int main()
```

这一行为主函数（main function）的起始声明。main function 是所有 C++程序的运行的起始点。不管它是在代码的开头、结尾还是中间，此函数中的代码总是在程序开始运行时第一个被执行，并且由于同样的原因，所有 C++程序都必须有一个 main function。

main 后面跟了一对圆括号()，表示它是一个函数。C++中所有函数都跟有一对圆括号()，括号中可以有一些输入参数。如例题中显示，主函数（main function）的内容紧跟在它的声明之后，由花括号{}括起来。

```
cout << "Hello World!"<<"\n";
```

这个语句在本程序中最重要。 cout 是 C++中的标准输出流（通常为控制台，即屏幕），这句话把一串字符串（本例中为"Hello World"）插入输出流（控制台输出）中。cout 的声明在头文件 iostream.h 中，所以要想使用 cout 必须将该头文件包括在程序开始处。

注意这个句子以分号（;）结尾，分号标示了一个语句的结束，C++的每一个语句都必须以分号结尾。C++ 程序员最常犯的错误之一就是忘记在语句末尾写上分号。

```
return 0;
```

返回语句（return）引起主函数 main()执行结束，并将该语句后面所跟代码（在本例中为0）返回。这是在程序执行没有出现任何错误的情况下最常见的程序结束方式。在后面的例子中读者会看到所有 C++程序都以类似的语句结束。

9.4.2 变量、数据类型

1. 变量

每一个变量（variable）需要一个标识（名字），以便将它与其他变量相区别。可以给变量起任何名字，只要它们是有效的标识符。

有效标识由字母（letter）、数字（digits）和下划线（ _ ）组成。标识的长度没有限制，但是有些编译器只取前 32 个字符（剩下的字符会被忽略）。

空格（spaces）、标点（punctuation marks）和符号（symbols）都不可以出现在标识中，只有字母（letters）、数字（digits）和下划线（_）是合法的，并且变量标识必须以字母开头。标识也可能以下划线（_）开头，但这种标识通常是保留给外部连接用的。标识不可以以数字开头。

必须注意的另一条规则是当给变量起名字时不可以和 C++语言的关键字或所使用的编译器的特殊关键字同名，因为这样会与这些关键字产生混淆。例如，以下列出标准保留关键字，它们不允许被用做变量标识名称：

```
asm, auto, bool, break, case, catch, char, class, const, const_cast, continue,
default, delete, do, double, dynamic_cast, else, enum, explicit, extern, false, float,
```

```
for, friend, goto, if, inline, int, long, mutable, namespace, new, operator, private,
protected, public, register, reinterpret_cast, return, short, signed, sizeof,
static, static_cast, struct, switch, template, this, throw, true, try, typedef,
typeid, typename, union, unsigned, using, virtual, void, volatile, wchar_t, while
```

另外,不要使用一些操作符作为变量标识,因为在某些环境中它们可能被用作保留词:

```
and, and_eq, bitand, bitor, compl, not, not_eq, or, or_eq, xor, xor_eq
```

编译器还可能包含一些特殊保留词,如许多生成 16 位码的编译器(如一些 DOS 编译器)把 far、huge 和 near 也作为关键字。

注意:C++语言是"大小写敏感"的,即同样的名字字母大小写不同代表不同的变量标识。因此,如变量 RESULT、变量 result 和变量 Result 分别表示 3 个不同的变量标识。

2. 数据类型

编程时将变量存储在计算机的内存中,但是计算机要知道我们要用这些变量存储什么样的值,因为一个简单的数值、一个字符或一个巨大的数值在内存所占用的空间是不一样的。

计算机的内存是以字节(Byte)为单位组织的。一个字节是我们在 C++中能够操作的最小的内存单位。一个字节可以存储相对较小数据,如一个单个的字符或一个小整数(通常为一个 0 到 255 之间的整数)。但是计算机可以同时操作处理由多个字节组成复杂数据类型,如长整数(long integers)和小数(decimals)。表 9.1 总结了现有的 C++基本数据类型,以及每一类型所能存储的数据范围。

表 9.1 数据类型

名称	字节数	描述	范围*
char	1	字符(character)或整数(integer),8 位(bits)长	有符号(signed):-128 到 127 无符号(unsigned):0 到 255
short int (short)	2	短整数(integer),16 位(bits)长	有符号(signed):-32768 到 32767 无符号(unsigned):0 到 65535
long int (long)	4	长整数(integer),32 位(bits)长	有符号(signed):-2147483648 到 2147483647 无符号(unsigned):0 到 4294967295
int	4	整数(integer)	有符号(signed):-2147483648 到 2147483647 无符号(unsigned):0 到 4294967295
float	4	浮点数(floating point number)	3.4e +/- 38(7 digits)
double	8	双精度浮点数(double precision floating point number)	1.7e +/- 308 (15 digits)
long double	8	长双精度浮点数(long double precision floating point number)	1.7e +/- 308 (15 digits)
bool	1	布尔 Boolean 值。它只能是真(true)或假(false)	true 或 false
wchar_t	2	宽字符(Wide character)。这是为存储两字节长的国际字符而设计的类型	一个宽字符(1 wide characters)

除以上列出的基本数据类型外,还可用指针(pointer)和 void 参数表示类型。

3. 变量的声明（Declaration of variables）

在 C++中要使用一个变量必须先声明（declare）该变量的数据类型。声明一个新变量的语法是写出数据类型标识符（如 int、short、float 等）后面跟一个有效的变量标识名称。例如：

```
int a;
float mynumber;
```

以上两个均为有效的变量声明（variable declaration）。第一个声明一个标识为 a 的整型变量（int variable），第二个声明一个标识为 mynumber 的浮点型变量（float variable）。声明之后，就可以在后面的程序中使用变量 a 和 mynumber 了。

如果需要声明多个同一类型的变量，可以将它们缩写在同一行声明中，在标识之间用逗号（comma）分隔。例如：

```
int a, b, c;
```

以上语句同时定义了 a、b、c 3 个整型变量，它与下面的写法完全等同：

```
int a;
int b;
int c;
```

4. 字符串（strings）

字符串是用来存储一个以上字符的非数字值的变量。

C++提供一个 string 类来支持字符串的操作，它不是一个基本的数据类型，但是在一般的使用中与基本数据类型非常相似。

与普通数据类型不同的一点是，要想声明和使用字符串类型的变量，需要引用头文件 <string>，并且使用 using namespace 语句来使用标准命名空间（std），如下面例子所示：

```
// C++字符串例题
#include <iostream>
#include <string>
using namespace std;

int main ()
{
    string mystring = "This is a string";
    cout << mystring;
    return 0;
}
```

如上面例子所示，字符串变量可以被初始化为任何字符串值。

以下两种初始化格式对字符串变量都是可以使用的：

```
string mystring = "This is a string";
string mystring ("This is a string");
```

字符串变量还可以进行其他与基本数据类型变量一样的操作，如声明的时候不指定初始值或在运行过程中被重新赋值。

```
// C++字符串例题2
#include <iostream>
#include <string>
using namespace std;
```

```cpp
int main ()
{
    string mystring;
    mystring = "This is the initial string content";
    cout << mystring << endl;
    mystring = "This is a different string content";
    cout << mystring << endl;
    return 0;
}
```

9.4.3　C++的类、继承、构造函数、析构函数

1. 类（Classes）

类是一种将数据和函数组织在同一个结构中的逻辑方法。定义类的关键字为 class，其功能与 C 语言中的 struct 类似，不同之处是 class 可以包含函数，而不像 struct 只能包含数据元素。

类定义的形式如下：

```cpp
class class_name
{
    permission_label_1:
            member1;
    permission_label_2:
            member2;
    ...
};
```

其中，class_name 是类的名称（用户自定义的类型），而可选项 object_name 是一个或几个对象（object）标识。class 的声明体中包含成员 members，成员可以是数据或函数定义，同时也可以包括允许范围标志"permission labels"，范围标志可以是 private、public 与 protected 三个关键字中任意一个。它们分别代表以下含义。

private：类的 private 成员，只有同一个类的其他成员或该类的"friend"类可以访问这些成员。

protected：类的 protected 成员，只有同一个类的其他成员或该类的"friend"类，或该类的子类（derived classes）可以访问这些成员。

public：类的 public 成员，任何可以看到这个类的地方都可以访问这些成员。

如果在定义一个 class 成员的时候没有声明其允许范围，这些成员将被默认为 private 范围。

例如：

```cpp
class CRectangle
{
    int x, y;
    public:
    void set_values (int,int);
    int area (void);
} rect;
```

上面例子定义了一个 class CRectangle 和该 class 类型的对象变量 rect。这个 class 有 4 个成员：两个整型变量（x 和 y）及两个函数（set_values()和 area()），这里只包含了函数的原型

（prototype）。

注意 class 名称与对象（object）名称的不同：在上面的例子中，CRectangle 是 class 名称（即用户定义的类型名称），而 rect 是一个 CRectangle 类型的对象名称。它们的区别就像下面例子中类型名 int 和变量名 a 的区别一样：

```
int a;
```

int 是 class 名称（类型名），而 a 是对象名 object name（变量）。

在程序中，可以通过使用对象名后面加一点再加成员名称（同使用 C structs 一样），来引用对象 rect 的任何 public 成员，就像它们只是一般的函数或变量。例如：

```
rect.set_value (3,4);
```

下面是关于 class CRectangle 的一个复杂的例子：

```
// classes example
#include <iostream.>
class CRectangle {
    int x, y;
    public:
        void set_values (int,int);
        int area (void) {return (x*y);}
};

void CRectangle::set_values (int a, int b) {
    x = a;
    y = b;
}

int main () {
    CRectangle rect;
    rect.set_values (3,4);
    cout << "area: " << rect.area();
}
```

上面代码中定义函数 set_values()使用的范围操作符（双冒号:: ）。它是用来在一个 class 之外定义该 class 的成员。注意，在 CRectangle class 内部已经定义了函数 area() 的具体操作，因为这个函数非常简单。而对函数 set_values()，在 class 内部只是定义了它的原型 prototype，而其实现是在 class 之外定义的。这种在 class 之外定义其成员的情况必须使用范围操作符(::)。

范围操作符 (::) 声明了被定义的成员所属的 class 名称，并赋予被定义成员适当的范围属性，这些范围属性与在 class 内部定义成员的属性是一样的。例如，在上面的例子中，在函数 set_values() 中引用了 private 变量 x 和 y，这些变量只有在 class 内部和它的成员中才是可见的。

在 class 内部直接定义完整的函数，和只定义函数的原型而把具体实现放在 class 外部的唯一区别在于，在第一种情况中，编译器(compiler) 会自动将函数作为 inline 考虑，而在第二种情况下，函数只是一般的 class 成员函数。

把 x 和 y 定义为 private 成员（记住，如果没有特殊声明,所有 class 的成员均默认为 private），原因是我们已经定义了一个设置这些变量值的函数 (set_values())，这样一来，在程序的其他地方就没有办法直接访问它们。也许在一个这样简单的例子中，你无法看到这样保护两个变量有什么意义，但在比较复杂的程序中，这是非常重要的，因为它使得变量不会被意外修改（这里意外指的是从 object 的角度来讲的意外）。

使用 class 的一个更大的好处是可以用它来定义多个不同对象（object）。例如，接着上面 class CRectangle 的例子，除了对象 rect 之外，还可以定义对象 rectb：

```
// class example
#include <iostream>

class CRectangle {
    int x, y;
  public:
    void set_values (int,int);
    int area (void) {return (x*y);}
};

void CRectangle::set_values (int a, int b) {
  x = a;
  y = b;
}

int main () {
    CRectangle rect, rectb;
    rect.set_values (3,4);
    rectb.set_values (5,6);
    cout << "rect area: " << rect.area() << endl;
    cout << "rectb area: " << rectb.area() << endl;
}
```

注意：调用函数 rect.area()与调用 rectb.area()所得到的结果是不一样的。这是因为每一个 class CRectangle 的对象都拥有它自己的变量 x 和 y，以及它自己的函数 set_value()和 area()。

这是基于对象（object）和面向对象编程（object-oriented programming）概念的。这个概念中，数据和函数是对象（object）的属性（properties）。

在这个具体的例子中，讨论的 class 是 CRectangle，有两个实例（instance）或称对象（object）：rect 和 rectb，每一个有它自己的成员变量和成员函数。

2. 构造函数和析构函数（Constructors and Destructors）

对象（object）在生成过程中通常需要初始化变量或分配动态内存，以便用户能够操作，或防止在执行过程中返回意外结果。例如，在前面的例子中，如果在调用函数 set_values() 之前就调用了函数 area()，将会产生什么样的结果呢？可能会是一个不确定的值，因为成员 x 和 y 还没有被赋于任何值。

为了避免这种情况发生，一个 class 可以包含一个构造函数 constructor，它可以通过声明一个与 class 同名的函数来定义。当且仅当要生成一个 class 的新的实例（instance）的时候，也就是当且仅当声明一个新的对象，或给该 class 的一个对象分配内存的时候，这个构造函数将自动被调用。下面将实现包含一个构造函数的 CRectangle：

```
// class example
#include <iostream>
```

```cpp
class CRectangle {
    int width, height;
  public:
    CRectangle (int,int);
    int area (void) {return (width*height);}
};

CRectangle::CRectangle (int a, int b) {
    width = a;
    height = b;
}

int main () {
    CRectangle rect (3,4);
    CRectangle rectb (5,6);
    cout << "rect area: " << rect.area() << endl;
    cout << "rectb area: " << rectb.area() << endl;
}
```

正如用户所看到的,这个例子的输出结果与前面一个没有区别。在这个例子中,只是把函数 set_values 换成了 class 的构造函数 constructor。注意这里参数是如何在 class 实例 (instance) 生成的时候传递给构造函数的:

```cpp
CRectangle rect (3,4);
CRectangle rectb (5,6);
```

同时用户可以看到,构造函数的原型和实现中都没有返回值,也没有 void 类型声明。构造函数必须这样编写。一个构造函数永远没有返回值,也不用声明 void。

析构函数 destructor 完成相反的功能。它在对象(objects)被从内存中释放的时候被自动调用。释放可能是因为它存在的范围已经结束了;或者是因为它是一个动态分配的对象,而被使用操作符 delete 释放了。

析构函数必须与 class 同名,加水波号 tilde (~) 前缀,必须无返回值。

析构函数特别适用于当一个对象被动态分别内存空间,而在对象被销毁时释放它所占用的空间。例如:

```cpp
// example on constructors and destructors
#include <iostream.h>

class CRectangle {
    int *width, *height;
  public:
    CRectangle (int,int);
    ~CRectangle ();
    int area (void) {return (*width * *height);}
};

CRectangle::CRectangle (int a, int b) {
    width = new int;
```

```
        height = new int;
        *width = a;
        *height = b;
    }

    CRectangle::~CRectangle () {
        delete width;
        delete height;
    }

    int main () {
        CRectangle rect (3,4), rectb (5,6);
        cout << "rect area: " << rect.area() << endl;
        cout << "rectb area: " << rectb.area() << endl;
        return 0;
    }
```

3. 类之间的继承（Inheritance Between Classes）

类的一个重要特征是继承，这使得我们可以基于一个类生成另一个类的对象，以便使后者拥有前者的某些成员，再加上它自己的一些成员。例如，假设要声明一系列类型的多边形，如长方形 CRectangle 或三角形 CTriangle。它们有一些共同的特征，如都可以只用两条边来描述：如高（height）和底（base）。

这个特点可以用一个类 CPolygon 来表示，基于这个类我们可以引申出上面提到的 CRectangle 和 CTriangle 两个类。

类 CPolygon 包含所有多边形共有的成员，如 width 和 height。而 CRectangle 和 CTriangle 将为它的子类（derived classes）。

由其他类引申而来的子类继承基类的所有可视成员，意思是说，如果一个基类包含成员 A，而将它引申为另一个包含成员 B 的类，则这个子类将同时包含 A 和 B。

要定义一个类的子类，必须在子类的声明中使用冒号操作符"："，如下所示：

```
    class derived_class_name: public base_class_name;
```

这里 derived_class_name 为子类（derived class）名称，base_class_name 为基类（base class）名称。public 也可以根据需要换为 protected 或 private，描述了被继承的成员的访问权限，例如：

```
    // derived classes
    #include <iostream.h>

    Class CPolygon {
      protected:
        int width, height;
      public:
        void set_values (int a, int b) { width=a; height=b;}
    };

    class CRectangle: public CPolygon {
      public:
```

```
      int area (void){ return (width * height); }
};

class CTriangle: public CPolygon {
  public:
    int area (void){ return (width * height / 2); }
};

int main () {
    CRectangle rect;
    CTriangle trgl;
    rect.set_values (4,5);
    trgl.set_values (4,5);
    cout << rect.area() << endl;
    cout << trgl.area() << endl;
    return 0;
}
```

其中，类 CRectangle 和 CTriangle 的每一个对象都包含 CPolygon 的成员，即 width\height 和 set_values()。

标识符 protected 与 private 类似，它们的唯一区别在继承时才表现出来。当定义一个子类的时候，基类的 protected 成员可以被子类的其他成员所使用，然而 private 成员就不可以。因为我们希望 CPolygon 的成员 width 和 height 能够被子类 CRectangle 和 CTriangle 的成员所访问，而不只是被 CPolygon 自身的成员操作，所以使用了 protected 访问权限，而不是 private。

9.4.4 用纯源码编写 Qt 工程

下面用纯源码编写 Qt 工程来进一步熟练掌握 C++的基础知识。

（1）新建空的 Qt 工程，如图 9.28 所示。

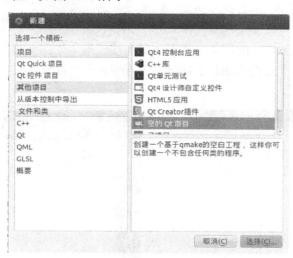

图 9.28 新建空的 Qt 工程

（2）工程名为 testCPP，并选择工程保存路径 "/home/gec"，如图 9.29 所示。

（3）在新建好的工程中添加文件。右击工程文件夹，在弹出的菜单中选择"添加新文件"命令，如图 9.30 所示。

图 9.29　设置工程名称和路径

图 9.30　添加新文件

（4）在弹出的新建文件界面中选择"概要"，这时会创建一个文本文件，默认的文件扩展名是.txt，如图 9.31 所示。单击"选择"按钮，进入如图 9.32 所示的界面。

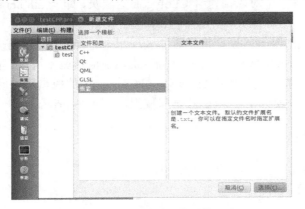

图 9.31　新建文本文件

图 9.32　设置文本文件名称

（5）设置文件名为 main.cpp，单击"下一步"按钮进入如图 9.33 所示的界面。

（6）这里自动将这个文件添加到了新建的工程中。保持默认设置，单击"完成"按钮，进入如图 9.34 所示的界面。

图 9.33　完成新建文本文件

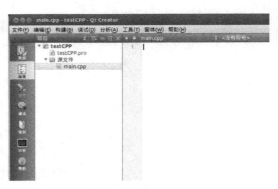

图 9.34　编辑 main.cpp 文件

（7）在图 9.34 中，当前 main.cpp 文件的内容是空的，现在在 main.cpp 文件中添加如下代码：

```
#include <QtGui>

int main(int argc,char *argv[])
{
    QApplication app(argc,argv);
    return app.exec();
}
```

QApplication 管理了各种各样的应用程序的广泛资源，如默认的字体和光标。在每一个使用 Qt 的应用程序中都必须使用一个 QApplication 对象。

main()函数是程序的入口。几乎在使用 Qt 的所有情况下，main()只需要在把控制权转交给 Qt 库之前执行一些初始化，然后 Qt 库通过事件来向程序告知用户的行为。

Argc 是命令行变量的数量，argv 是命令行变量的数组。这是一个 C/C++特征。它不是 Qt 专有的，无论如何 Qt 需要处理这些变量。

```
QApplication app(argc,argv);
```

app 是这个 QApplication 的对象，它在这里被创建并且处理这些命令行变量。请注意，所有被 Qt 识别的命令行参数都会从 argv 中被移除（并且 argc 也因此而减少）。

注意：在任何 Qt 的窗口系统部件被使用之前创建 QApplication 对象是必须的。

```
return app.exec();
```

这里就是 main()把控制权转交给 Qt，并且当应用程序退出的时候 exec()就会返回。在 exec() 中，Qt 接收并处理用户和系统的事件并且把它们传递给适当的窗口部件。

（8）这时单击"运行"按钮，程序执行结果如图 9.35 所示。单击信息框右上角的红色方块，停止程序运行。

图 9.35　程序运行结果

（9）再更改代码，添加一个对话框对象。程序运行结果如图 9.36 所示。

```
#include <QtGui>

int main(int argc,char *argv[])
{
    QApplication app(argc,argv);

    QDialog* dd=new QDialog();
    dd->show();

    return app.exec();
}
```

QDialog 类是对话框窗口的基类，对话框窗口是主要用于短期任务以及和用户进行简要通信的顶级窗口，QDialog 可以是模式的，也可以是非模式的。

模式对话框就是阻塞同一应用程序中其他可视窗口的输入，对话框用户必须完成这个对话框中的交互操作并且关闭了它之后才能访问应用程序中的其他任何窗口。

非模式对话框是和同一个程序中其他窗口操作无关的对话框。在字处理软件中查找和替换对话框通常是非模式的，来允许同时与应用程序主窗口和对话框进行交互。

QDialog 常用函数如下。

exec 函数：调用 exec()来显示模式对话框。当用户关闭这个对话框，exec()将提供一个可用的返回值并且这时流程控制继续从调用 exec()的地方进行。

accept()槽：使用模式对话框，隐藏模式对话框并且设置结果代码为 Accepted。

reject ()槽：隐藏模式对话框并且设置结果代码为 Rejected。

show()：调用 show()来显示非模式对话框，show()立即返回。

图 9.36　出现一个空对话框

从图 9.36 可知，程序运行结果弹出了一个空对话框。

（10）更改代码如下，在对话框上添加一个标签对象，并显示 Hello C++。

```
#include <QtGui>

int main(int argc,char *argv[])
```

```
{
    QApplication app(argc,argv);

    QDialog* dd=new QDialog();

    QLabel* label=new QLabel(dd);
    label->setText("Hello C++");

    dd->show();

    return app.exec();
}
```

（11）运行程序，运行结果如图 9.37 所示，弹出处理的对话框中显示"Hello C++"的内容。

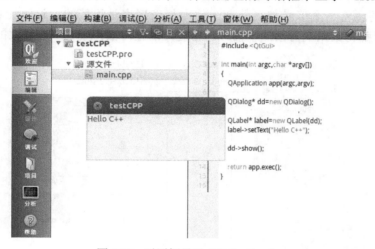

图 9.37　对话框显示"Hello C++"

9.5　登录界面程序设计

Qt 是一个跨平台的 C++ GUI 应用构架，它提供了丰富的窗口部件集，具有面向对象、易于扩展、真正的组件编程等特点，更为引人注目的是目前 Linux 上最为流行的 KDE 桌面环境就是建立在 Qt 库的基础之上。Qt 支持下列平台：MS/Windows-95、98、NT 和 2000；UNIX/X11-Linux、Sun Solaris、HP-UX、Digital UNIX、IBM AIX、SGI IRIX；Embedded FrameBuffer 的 Linux 平台。伴随着 KDE 的快速发展和普及，Qt 很可能成为 Linux 窗口平台上进行软件开发时的 GUI 首选。

9.5.1　信号与槽概述

信号和槽机制是 Qt 的核心机制，要精通 Qt 编程就必须对信号和槽有所了解。信号和槽是一种高级接口，应用于对象之间的通信，它是 Qt 的核心特性，也是 Qt 区别于其他工具包的重要地方。信号和槽是 Qt 自行定义的一种通信机制，它独立于标准的 C/C++ 语言，因此要正确地处理信号和槽，必须借助一个称为 moc（Meta Object Compiler）的 Qt 工具，该工具是一个 C++预处理程序，它为高层次的事件处理自动生成所需要的附加代码。

在我们所熟知的很多 GUI 工具包中，窗口小部件（widget）都有一个回调函数用于响应它们能触发的每个动作，这个回调函数通常是一个指向某个函数的指针。但是，在 Qt 中信号和槽取代了这些凌乱的函数指针，使得编写这些通信程序更为简洁明了。信号和槽能携带任意数量和任意类型的参数，它们是类型完全安全的，不会像回调函数那样产生 core dumps。

所有从 QObject 或其子类（如 Qwidget）派生的类都能够包含信号和槽。当对象改变其状态时，信号就由该对象发射（emit）出去，这就是对象所要做的全部事情，它不知道另一端是谁在接收这个信号。这就是真正的信息封装，它确保对象被当做一个真正的软件组件来使用。槽用于接收信号，但它们是普通的对象成员函数，一个槽并不知道是否有任何信号与自己相连接。而且，对象并不了解具体的通信机制。

可以将很多信号与单个的槽进行连接，也可以将单个的信号与很多的槽进行连接，如图 9.38 所示，甚至将一个信号与另外一个信号相连接也是可能的，这时无论第一个信号什么时候发射系统都将立刻发射第二个信号。总之，信号与槽构造了一个强大的部件编程机制。

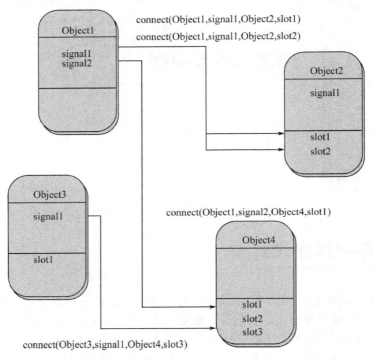

图 9.38　信号（signal）与槽（slot）之间的连接关系

1．信号（signal）

当某个信号对其客户或所有者发生的内部状态发生改变，信号被一个对象发射。只有定义过这个信号的类及其派生类能够发射这个信号。当一个信号被发射时，与其相关联的槽将被立刻执行，就像一个正常的函数调用一样。信号-槽机制完全独立于任何 GUI 事件循环。只有当所有的槽返回以后发射函数（emit）才返回。如果存在多个槽与某个信号相关联，那么，当这个信号被发射时，这些槽将会一个接一个地执行，但是它们执行的顺序将会是随机的、不确定的，我们不能人为地指定哪个先执行、哪个后执行。

信号的声明是在头文件中进行的，Qt 的 signals 关键字指出进入了信号声明区，随后即可声明自己的信号。例如，下面定义了三个信号：

```
signals:
void mySignal();
void mySignal(int x);
void mySignalParam(int x,int y);
```

在上面的定义中，signals 是 Qt 的关键字，而非 C/C++ 的。接下来的一行 void mySignal() 定义了信号 mySignal，这个信号没有携带参数；接下来的一行 void mySignal(int x) 定义了重名信号 mySignal，但是它携带一个整形参数，这有点类似于 C++ 中的虚函数。从形式上讲信号的声明与普通的 C++ 函数是一样的，但是信号却没有函数体定义，另外，信号的返回类型都是 void，不要指望能从信号返回什么有用信息。

信号由 moc 自动产生，它们不应该在 .cpp 文件中实现。

2. 槽（slot）

槽是普通的 C++ 成员函数，可以被正常调用，它们唯一的特殊性就是很多信号可以与其相关联。当与其关联的信号被发射时，这个槽就会被调用。槽可以有参数，但槽的参数不能有缺省值。

既然槽是普通的成员函数，因此与其他的函数一样，它们也有存取权限。槽的存取权限决定了谁能够与其相关联。同普通的 C++成员函数一样，槽函数也分为三种类型，即 public slots、private slots 和 protected slots。

public slots：在这个区内声明的槽意味着任何对象都可将信号与之相连接。这对于组件编程非常有用，用户可以创建彼此互不了解的对象，将它们的信号与槽进行连接以便信息能够正确的传递。

protected slots：在这个区内声明的槽意味着当前类及其子类可以将信号与之相连接。这适用于那些槽，它们是类实现的一部分，但是其界面接口却面向外部。

private slots：在这个区内声明的槽意味着只有类自己可以将信号与之相连接。这适用于联系非常紧密的类。

槽的声明也是在头文件中进行的。例如，下面声明了三个槽：

```
public slots:
    void mySlot();
    void mySlot(int x);
    void mySignalParam(int x,int y);
```

下面是一个带有信号与槽的类定义。

```
class TsignalApp:public QMainWindow
{
  Q_OBJECT
  //信号声明区
  signals:
        //声明信号mySignal()
        void mySignal();
        //声明信号mySignal(int)
        void mySignal(int x);
        //声明信号mySignalParam(int,int)
```

```
        void mySignalParam(int x,int y);
    //槽声明区
    public slots:
        //声明槽函数mySlot()
        void mySlot();
        //声明槽函数mySlot(int)
        void mySlot(int x);
        //声明槽函数mySignalParam (int, int)
        void mySignalParam(int x,int y);
};
```

9.5.2 建立信号与槽的关联

通过调用 QObject 对象的 connect 函数来将某个对象的信号与另外一个对象的槽函数相关联，这样当发射者发射信号时，接收者的槽函数将被调用。该函数的定义如下：

```
bool QObject::connect ( const QObject * sender, const char * signal, const QObject * receiver, const char * member ) [static]
```

这个函数的作用就是将发射者 sender 对象中的信号 signal 与接收者 receiver 中的 member 槽函数联系起来。当指定信号 signal 时必须使用 Qt 的宏 SIGNAL()，当指定槽函数时必须使用宏 SLOT()。如果发射者与接收者属于同一个对象的话，那么在 connect 调用中接收者参数可以省略。

例如，下面定义了两个对象：标签对象 label 和滚动条对象 scroll，并将 valueChanged() 信号与标签对象的 setNum() 相关联，另外信号还携带了一个整形参数，这样标签总是显示滚动条所处位置的值。

```
    QLabel *label = new QLabel;
    QScrollBar *scroll = new QScrollBar;
    QObject::connect( scroll, SIGNAL(valueChanged(int)),label,
SLOT(setNum(int)) );
```

一个信号甚至能够与另一个信号相关联，看下面的例子：

```
    class MyWidget : public QWidget
    {
        public:
MyWidget();
        ...
        signals:
void aSignal();
        ...
        private:
        ...
        QPushButton *aButton;
};
MyWidget::MyWidget()
{
aButton = new QPushButton( this );
```

```
connect( aButton, SIGNAL(clicked()), SIGNAL(aSignal()) );
}
```

在上面的构造函数中，MyWidget 创建了一个私有的按钮 aButton，按钮的单击事件产生的信号 clicked() 与另外一个信号 aSignal() 进行了关联。这样一来，当信号 clicked() 被发射时，信号 aSignal() 也接着被发射。当然，也可以直接将单击事件与某个私有的槽函数相关联，然后在槽中发射 aSignal() 信号，这样的话似乎有点多余。

当信号与槽没有必要继续保持关联时，可以使用 disconnect 函数来断开连接。其定义如下：

```
bool QObject::disconnect ( const QObject * sender, const char * signal, const Object * receiver, const char * member ) [static]
```

这个函数断开发射者中的信号与接收者中的槽函数之间的关联。

有以下三种情况必须使用 disconnect() 函数。

（1）断开与某个对象相关联的任何对象。这似乎有点不可理解，事实上，当在某个对象中定义了一个或者多个信号，这些信号与另外若干个对象中的槽相关联，如果我们要切断这些关联的话，就可以利用这个方法，非常简洁。

```
disconnect(myObject,0,0,0);
```

或者

```
myObject->disconnect();
```

（2）断开与某个特定信号的任何关联。

```
disconnect(myObject,SIGNAL(mySignal()), 0, 0 );
```

或者

```
myObject->disconnect(SIGNAL(mySignal()));
```

（3）断开两个对象之间的关联。

```
disconnect(myObject,0, myReceiver,0)
```

或者

```
myObject->disconnect(myReceiver)
```

在 disconnect 函数中 0 可以用做一个通配符，分别表示任何信号、任何接收对象、接收对象中的任何槽函数。但是发射者 sender 不能为 0，其他三个参数的值可以等于 0。

9.5.3 登录界面程序设计

本节任务实现的功能是在弹出对话框中填写用户名和密码，按下"登录"按钮，如果用户名和密码均正确则进入主窗口，如果有错则弹出警告对话框。

通过该任务的操作，可以掌握信号与槽的建立，以及相关 C++ 程序的编写。

（1）先新建 Qt4 Gui 应用工程，工程名为 mainWidget，选用 QWidget 作为 Base class，这样便建立了主窗口，如图 9.39 所示。

（2）然后新建一个 Qt 设计师界面类，类名为 loginDlg，选用 Dialog without Buttons，将其加入上面的工程中，如图 9.40 所示。

（3）在 logindlg.ui 中设计如图 9.41 所示的界面：行输入框为 Line Edit。其中用户名后面的输入框在属性中设置其 object Name 为 usrLineEdit，密码后面的输入框为 pwdLineEdit，登录按钮为 loginBtn，退出按钮为 exitBtn。

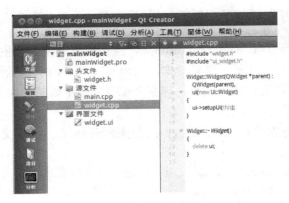

图 9.39　建立主窗口　　　　　　　　　图 9.40　增加界面类

图 9.41　设计登录界面

（4）将 exitBtn 的单击后效果设为退出程序，关联如表 9.2 所示。

表 9.2　exit 按钮的信号与槽

Sender	Signal	Receiver	Slot
exitBtn	clicked	loginDlg	Close()

单击菜单"编辑"→"编译信号/槽"，则窗口处于编译信号与槽的状态，此时左边的控件不能进行选择状态。左键按住"exit"按钮，按住鼠标左键移出"exit"按钮，移动界面的空白处（图 9.42），再释放鼠标左键，弹出如图 9.43 所示的界面。

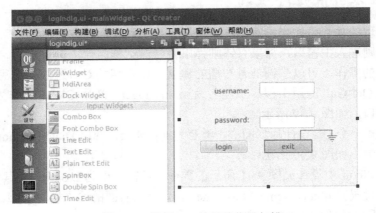

图 9.42　设置 exit 按钮的信号与槽

在图 9.43 中，选择槽函数"close()"后，单击"确定"按钮，退出按钮的信号与槽就设置好了，如图 9.44 所示。

图 9.43　选择槽函数

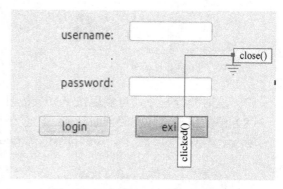

图 9.44　退出按钮的信号与槽关系

（5）单击菜单"编辑"→"编辑控件"，这样窗口就回到编译控件的状态。右击登录按钮，在弹出的快捷菜单中选择"转到槽"选项（图 9.45），出现"转到槽"界面，在"选择信号"处选择"clicked()"（图 9.46），然后进入其单击事件的槽函数，对该槽函数写入一句代码"accept();"，如下面代码所示：

图 9.45　单击下拉菜单"转到槽"

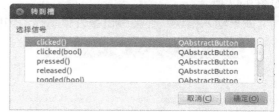

图 9.46　选择 clicked 信号

```
void loginDlg::on_loginBtn_clicked()
{
    accept();
}
```

（6）改写 main.cpp：

```
#include <QtGui>
#include <QtGui/QApplication>
#include "widget.h"
#include "logindlg.h"
int main(int argc, char *argv[])
{
    QApplication a(argc, argv);
    Widget w;
```

```
        loginDlg login;
        if(login.exec()==QDialog::Accepted)
        {
            w.show();
            return a.exec();
        }
        else return 0;
}
```

(7) 这时执行程序，可实现按下登录按钮进入主窗口，按下退出按钮退出程序。

(8) 添加用户名和密码判断功能。将登录按钮的槽函数修改为：

```
    void loginDlg::on_loginBtn_clicked()
    {
    //判断用户名和密码是否正确
    if
(ui->usrLineEdit->text()==tr("qt")&&ui->pwdLineEdit->text()==tr("123456"))
    accept();
    else{//如果不正确，弹出警告对话框
    QMessageBox::warning(this,tr("Warning"),tr("user name or password
error!"),QMessageBox::Yes);
        }
    }
```

并在 logindlg.cpp 中加入#include <QtGui>的头文件。如果不加这个头文件，QMessageBox 类不可用。

(9) 这时再执行程序，输入用户名为 qt，密码为 123456，按登录按钮便能进入主窗口了，如图 9.47 所示。

如果输入错误，便会弹出警告提示框，如图 9.48 所示。

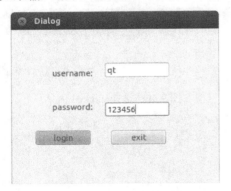

图 9.47　正确输入用户名和密码　　　　　　　　图 9.48　输入错误

(10) 在 logindlg.cpp 的 loginDlg 类构造函数里，添加初始化语句，使密码显示为小黑点，如图 9.49 所示。

```
    loginDlg::loginDlg(QWidget *parent) :
    QDialog(parent),
    ui(new Ui::loginDlg)
    {
    ui->setupUi(this);
```

```
        ui->pwdLineEdit->setEchoMode(QLineEdit::Password);
    }
```

(11) 如果在用户名前不小心加上了一些空格，结果程序按错误的用户名对待了，如图 9.50 所示。

图 9.49 密码显示小圆点

图 9.50 空格情况

可以更改 if 判断语句，使这样的输入也算正确。

```
    void loginDlg::on_loginBtn_clicked()
    {
        if(ui->usrLineEdit->text().trimmed()==tr("qt")&&ui->pwdLineEdit->text()==tr("123456"))
            accept();
        else{
            QMessageBox::warning(this,tr("Warning"),tr("user name or password error!"),QMessageBox::Yes);
        }
    }
```

加入的这个函数的作用就是移除字符串开头和结尾的空白字符。

(12) 最后如果输入错误了，重新回到登录对话框时，希望可以使用户名和密码框清空并且光标自动跳转到用户名输入框，最终的登录按钮的单击事件的槽函数如下：

```
    void loginDlg::on_loginBtn_clicked()
    {
        //判断用户名和密码是否正确
        if(ui->usrLineEdit->text().trimmed()==tr("qt")&&ui->pwdLineEdit->text()==tr("123456"))
            accept();
        else{//如果不正确，弹出警告对话框
            QMessageBox::warning(this,tr("Warning"),tr("user name or password error!"),QMessageBox::Yes);
            ui->usrLineEdit->clear();//清空用户名输入框
            ui->pwdLineEdit->clear();//清空密码输入框
            ui->usrLineEdit->setFocus();
        }
    }
```

9.6 LED 图形界面控制程序设计

在 6.8 节中 LED 设备驱动程序我们已经使用简单的应用程序测试过了,在 8.6 节中网页控制 LED 的 C 语言源代码我们也测试过了,本节要完成基于 Qt 的 LED 图形界面应用程序设计,基于 Qt 的 LED 应用程序与之前的 LED 应用程序原理是相通的。

(1) 先新建 Qt4 Gui 应用工程,工程名为 led,选用 QWidget 作为 Base class,类名为 myWidget,这样便建立了主窗口,如图 9.51 所示。

(2) 建立好工程之后,进入 LED 应用程序的界面设计,如图 9.52 所示。

图 9.51　LED 工程建立 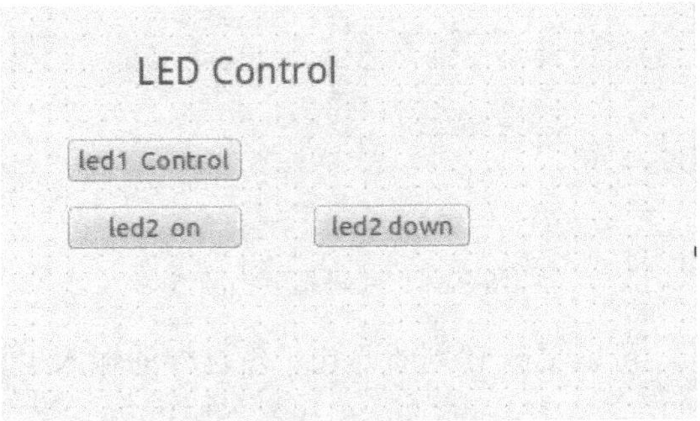　　　　　图 9.52　LED 应用程序的界面设计

在图 9.52 中,按钮"led1 Control"是用来实现控制嵌入式目标机中 LED1 的亮和灭,按钮"led2 on"是用来实现控制嵌入式目标机中 LED2 点亮,按钮"led2 down"是用来实现控制嵌入式目标机中 LED2 熄灭。

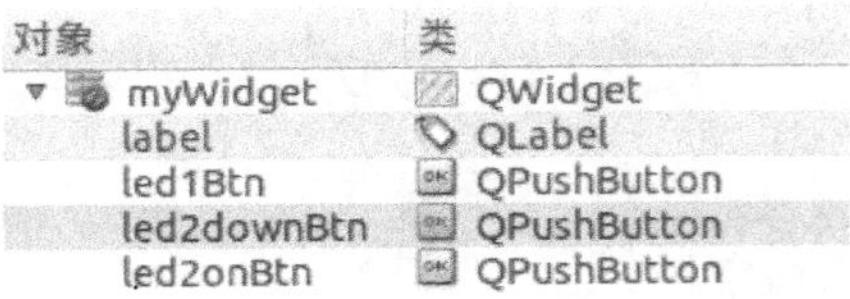

对图 9.52 中三个 PusgButton 的 objectname 改名,如图 9.53 所示。

图 9.53　更改 PusgButton 的 objectname

(3) 增加这 3 个 PusgButton 控件的槽函数。在窗口处于编译控件的状态,分别右击这 3 个 PusgButton 控件,在弹出的快捷菜单中选择"转到槽"选项,再选择 clicked(),这样就依次增加这 3 个 PusgButton 控件的槽函数,在头文件"mywidget.h"自动增加了 3 个槽函数的声明,在源文件"mywidget.cpp"自动增加了 3 个槽函数的定义,不过当前这 3 个槽函数的函数体为空。

"mywidget.h"代码如下:

```
#ifndef MYWIDGET_H
#define MYWIDGET_H

#include <QWidget>

namespace Ui {
    class myWidget;
}

class myWidget : public QWidget
```

```cpp
{
    Q_OBJECT

public:
    explicit myWidget(QWidget *parent = 0);
    ~myWidget();

private slots:
    void on_led1Btn_clicked();

    void on_led2onBtn_clicked();

    void on_led2downBtn_clicked();

private:
    Ui::myWidget *ui;
};
#endif // MYWIDGET_H
```

"mywidget.cpp" 代码如下：

```cpp
#include "mywidget.h"
#include "ui_mywidget.h"

myWidget::myWidget(QWidget *parent) :
    QWidget(parent),
    ui(new Ui::myWidget)
{
    ui->setupUi(this);
}

myWidget::~myWidget()
{
    delete ui;
}

void myWidget::on_led1Btn_clicked()
{

}

void myWidget::on_led2onBtn_clicked()
{

}

void myWidget::on_led2downBtn_clicked()
{
```

}
　　（4）为当前应用程序增加打开 LED 驱动的代码。在 myWidget 类中定义一个公有的成员函数 init()，该函数的作用用来初始化 myWidge 类中的一些变量和存放打开 LED 驱动的代码，在 myWidge 类的构造函数中调用该函数。
　　"mywidget.h" 代码如下：

```
#ifndef MYWIDGET_H
#define MYWIDGET_H

#include <QWidget>

namespace Ui {
    class myWidget;
}

class myWidget : public QWidget
{
    Q_OBJECT

public:
    explicit myWidget(QWidget *parent = 0);
~myWidget();
void init(void);         //增加函数init()的声明

private slots:
    void on_led1Btn_clicked();

    void on_led2onBtn_clicked();

    void on_led2downBtn_clicked();

private:
Ui::myWidget *ui;
int ledn_fd ;     //定义类私有的成员变量,该变量用来打开LED驱动后函数的返回值
};

#endif // MYWIDGET_H
```

　　"mywidget.cpp" 代码如下：

```
#include "mywidget.h"
#include "ui_mywidget.h"

#include <stdio.h>
#include <stdlib.h>
#include <string.h>
#include <unistd.h>
#include <sys/ioctl.h>
#include <sys/types.h>
```

```cpp
#include <sys/stat.h>
#include <fcntl.h>
#include <sys/select.h>
#include <sys/time.h>
#include <errno.h>

myWidget::myWidget(QWidget *parent) :
    QWidget(parent),
    ui(new Ui::myWidget)
{
 init();            //在构造函数中调用函数init()
ui->setupUi(this);
}

myWidget::~myWidget()
{
    delete ui;
}

void myWidget::init(void)           //函数init()在类外面定义
{
    ledn_fd = 0;
    ledn_fd = open("/dev/leds", O_RDWR);
    if (ledn_fd < 0)
    {
            perror("open device ledn_fd");
            exit(1);
    }
}

void myWidget::on_led1Btn_clicked()
{

}

void myWidget::on_led2onBtn_clicked()
{

}

void myWidget::on_led2downBtn_clicked()
{

}
```

（5）对3个槽函数的内容进行代码编写，分别实现槽函数 on_led1Btn_clicked()控制嵌入式目标机中 LED1 的亮和灭，槽函数 on_led2onBtn_clicked()控制嵌入式目标机中 LED2 点亮，槽函数 on_led2downBtn_clicked()控制嵌入式目标机中 LED2 熄灭，调用 LED 驱动程序中的 ioctl

函数。

"mywidget.h" 代码如下:

```
#ifndef MYWIDGET_H
#define MYWIDGET_H

#include <QWidget>

namespace Ui {
    class myWidget;
}

class myWidget : public QWidget
{
    Q_OBJECT

public:
    explicit myWidget(QWidget *parent = 0);
    ~myWidget();
    void init(void);

private slots:
    void on_led1Btn_clicked();

    void on_led2onBtn_clicked();

    void on_led2downBtn_clicked();

private:
    Ui::myWidget *ui;
    int ledn_fd ;
    bool led1state;           //定义类私有的成员变量,该变量用来标识LED1的状态

};
#endif // MYWIDGET_H
```

"mywidget.cpp" 代码如下:

```
#include "mywidget.h"
#include "ui_mywidget.h"

#include <stdio.h>
#include <stdlib.h>
#include <string.h>
#include <unistd.h>
#include <sys/ioctl.h>
#include <sys/types.h>
#include <sys/stat.h>
#include <fcntl.h>
#include <sys/select.h>
```

```cpp
#include <sys/time.h>
#include <errno.h>

#define LED1   0
#define LED2   1
#define LED3   2
#define LED4           3

#define LED_ON          1
#define LED_OFF         0

myWidget::myWidget(QWidget *parent) :
    QWidget(parent),
    ui(new Ui::myWidget)
{
  init();
ui->setupUi(this);
}

myWidget::~myWidget()
{
    delete ui;
}

void myWidget::init(void)
{
ledn_fd = 0;
led1state=0;
ledn_fd = open("/dev/leds", O_RDWR);
if (ledn_fd < 0)
{
    perror("open device ledn_fd");
    exit(1);
}
}

void myWidget::on_led1Btn_clicked()
{
    if(led1state==1)
    {
            ioctl(ledn_fd,LED_ON,LED1);      //LED1点亮
    }else if(led1state==0)
    {
            ioctl(ledn_fd,LED_OFF,LED1);    // LED1熄灭
    }
    led1state = !led1state;
}
```

```
void myWidget::on_led2onBtn_clicked()
{
    ioctl(ledn_fd,LED_ON,LED2);      // LED2点亮
}

void myWidget::on_led2downBtn_clicked()
{
    ioctl(ledn_fd,LED_OFF,LED2);     // LED2熄灭
}
```

（6）该工程代码编写好后，对该工程进行构建，生成能在 ARM 平台中运行的可执行文件。

① 设置 Qt 版本和工具链。

② 设置构建目录，若该工程所在目录 Qt_led 是放在"/mnt/hgfs/share"目录下，则在"/mnt/hgfs/share"目录下，新建 Qt_led-build-arm 目录，如图 9.54 所示。

图 9.54 设置构建目录

③ 单击左侧的"锤子"图标，对该工程构建，则在"/mnt/hgfs/share/Qt_led-buid-arm"目录下，生成在 ARM 平台中运行的可执行文件 led。

（7）把"/mnt/hgfs/share/Qt_led-buid-arm"目录下的可执行文件 led 放在目标机上运行；该程序运行前先加载 LED 驱动模块 led_drv.ko。在目标机上程序运行如下命令：

```
[root@AIB 210 /mnt]# ./led -qws
```

该工程运行结果如图 9.55 所示。

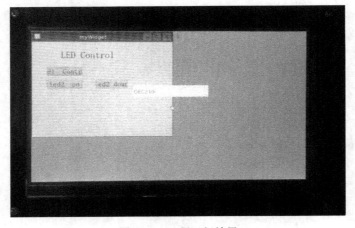

图 9.55 工程运行结果

在目标机中单击相应的按钮，目标机中相应的 LED 会被点亮或熄灭。

本章小结

Qt 在嵌入式 GUI 应用中占了很大部分，现在其主要应用于电话和 PDA。对于使用 Qt 开发，读者需要深入学习 Qt 的 API 接口的使用，了解各个类的功能。Qt 安装、编译和移植只是带读者入门，为了完成项目，还需要更深入地学习 Qt 编程。

参 考 文 献

[1] 郎璐红，梁金柱．基于 ARM 的嵌入式系统接口技术．北京：清华大学出版社，2011．
[2] 孙天泽．嵌入式 Linux 操作系统．北京：人民邮电出版社，2012．
[3] 庄严，王光宇，杨海峰．嵌入式 Linux 系统工程师实训教程．北京：清华大学出版社，2012．
[4] 刘刚，赵剑川，等．Linux 系统移植．北京：清华大学出版社，2014．
[5] 弓雷等．ARM 嵌入式 Linux 系统开发详解．北京：清华大学出版社，2014．
[6] 朱兆琪，李强，袁晋蓉，等．嵌入式 Linux 开发实用教程．北京：人民邮电出版社，2014．
[7] 丰海，等．嵌入式 Linux 系统应用及项目实践．北京：机械工业出版社，2013．

反侵权盗版声明

电子工业出版社依法对本作品享有专有出版权。任何未经权利人书面许可，复制、销售或通过信息网络传播本作品的行为；歪曲、篡改、剽窃本作品的行为，均违反《中华人民共和国著作权法》，其行为人应承担相应的民事责任和行政责任，构成犯罪的，将被依法追究刑事责任。

为了维护市场秩序，保护权利人的合法权益，我社将依法查处和打击侵权盗版的单位和个人。欢迎社会各界人士积极举报侵权盗版行为，本社将奖励举报有功人员，并保证举报人的信息不被泄露。

举报电话：（010）88254396；（010）88258888
传　　真：（010）88254397
E-mail：　dbqq@phei.com.cn
通信地址：北京市万寿路 173 信箱
　　　　　电子工业出版社总编办公室
邮　　编：100036